高等教育艺术设计系列教材

景观设计手绘表达技法

唐洪亚　主编

清华大学出版社
北京

内容简介

本书是一本对景观设计手绘的概念、流程、方法、案例等进行系统性讲解的图书。本书遵循由易到难、由浅到深的原则，对景观设计手绘所涉及的理论知识和实践技巧进行了较为充分的描述。本书共分为8章，内容包括了景观设计概述、景观设计手绘基本材料与工具、景观设计线条与色彩基本表达、景观设计透视基本手绘表达、景观设计手绘表达图纸分类、景观设计基本要素手绘表达、景观设计典型场景手绘表达和景观设计快题方案手绘表达等方面。本书既可作为景观设计相关手绘课程的教材，也可作为景观设计手绘爱好者的自学用书。本书拥有较强的易读性，内容与逻辑完整清晰，案例丰富实用。

本书适合高等院校艺术设计相关专业的学生学习，也适合艺术设计爱好者阅读。

图书在版编目（CIP）数据

景观设计手绘表达技法 / 唐洪亚主编 .—北京：清华大学出版社，2024.5
高等教育艺术设计系列教材
ISBN 978-7-302-66115-3

Ⅰ . ①景… Ⅱ . ①唐… Ⅲ . ①景观设计－绘画技法－高等学校－教材 Ⅳ . ① TU986.2

中国国家版本馆 CIP 数据核字（2024）第 085118 号

责任编辑： 张龙卿
封面设计： 刘代书　陈昊靓
责任校对： 袁　芳
责任印制： 宋　林

出版发行： 清华大学出版社
网　　址： https://www.tup.com.cn, https://www.wqxuetang.com
地　　址： 北京清华大学学研大厦 A 座　　**邮　　编：** 100084
社 总 机： 010-83470000　　**邮　　购：** 010-62786544
投稿与读者服务： 010-62776969, c-service@tup.tsinghua.edu.cn
质量反馈： 010-62772015, zhiliang@tup.tsinghua.edu.cn
课件下载： https://www.tup.com.cn, 010-83470410
印 装 者： 三河市铭诚印务有限公司
经　　销： 全国新华书店
开　　本： 210mm×285mm　　**印　　张：** 10.75　　**字　　数：** 303 千字
版　　次： 2024 年 5 月第 1 版　　**印　　次：** 2024 年 5 月第 1 次印刷
定　　价： 89.00 元

产品编号：097262-01

前　言

手绘训练是景观设计学习过程中的重要环节。长期以来，高校在校生学习景观设计大都是从手绘表达环节逐渐过渡到计算机表达环节。景观设计手绘表达作为经典的课程内容，具有较强的普遍性和实用性。本书对景观设计手绘表达技法进行了深入浅出的系统性讲解，以期帮助景观设计学习者尽快掌握手绘表达技巧和方法。

本书的编写符合初学者从零开始学习的一般规律，全书对景观设计手绘中所涉及的理论知识、实际技法、经典案例等进行了详细的专业讲解，内容充实，图文并茂。本书不仅可供风景园林、环境设计、园林等景观相关专业的学生使用，也可满足景观手绘爱好者进行日常学习。

本书共分8章，遵循由易到难的学习规律。首先，本书对景观设计进行概述，让读者对景观设计的概念、分类、内容等能有一定的了解。其次，通过对手绘基本材料与工具、线条与颜色基本表达、透视基本手绘表达等方面的介绍，使学习者快速掌握手绘表达技法的基本技能，夯实手绘能力基础。再次，本书围绕手绘表达图纸分类、基本要素手绘表达、典型场景手绘表达等方面进行了系统性讲解，结合学习者可能遇到的实际问题给予了较为全面的解答。最后，本书通过快题方案手绘表达的讲解，给未来承担整体景观快题设计的学习者相关建议。本书通过文字讲解和例图说明，让学习者按步骤进行学习，科学掌握手绘方法，并鼓励学习者能举一反三，使理论水平与实践能力能够同步提高。

本书是安徽省高校优秀青年人才支持计划一般项目（项目号：gxyq2022002）的课题成果。本书的编写融合了编者多年的日常教学经验，以期成为景观手绘学习者学习路上的良师益友。

由于编者水平有限，书中难免存在错漏和不足之处，还请广大读者、专家和同行不吝赐教。

编　者

2024年1月

目 录

第1章 景观设计概述

1.1 景观设计的内涵

景观设计是城市建设的重要组成部分。随着城市化进程的加速，景观设计领域得到了越来越广泛的关注。景观设计起源于古代园林设计或造园艺术，但随着时代的变迁，设计内容已不再局限于传统的古典造园。新技术、新理念的融入使景观设计的工作内容变得多元、丰富和复杂。在景观设计领域中，景观设计师通常担任多重角色，既是工程师，也是艺术家。他们需要紧跟社会需求，不断汲取新知识，以创造更新颖、更具美感的景观环境。

景观设计涉及多个空间设计的相关学科，如建筑学、地理学和城乡规划学等；同时，其设计理论也涉及人类学、民俗学、生态学、心理学等广泛的知识领域。这对景观设计师背景的知识广度和深度提出了较高要求，意味着攻读相关专业的大学生需要掌握丰富且全面的知识体系。

在专业课程教学中，课程内容一定程度上反映了景观设计对象的差异和分类。人才培养方案制订者会提炼出主要的景观类型，并确定好相应的课程内容。通常，学习者会根据设计对象的分类进行场地认知。分类可包括地形（如山地、滨水、溶洞、梯田景观等）、功能（如广场、工业遗址、公园、校园、街区、风景区景观等）、城乡区位（如城市、郊区和乡村景观）（表1-1）。

表1-1 常见景观设计类型

分类方式	景观名称
地形	山地景观
	滨水景观
	溶洞景观
	梯田景观
功能	广场景观
	工业遗址景观
	公园景观
	校园景观
城乡区位	街区景观
	风景区景观
	城市景观
	郊区景观
	乡村景观

值得注意的是，部分场所可能同时划分到不同类别中，反映出景观设计对象具有一定的交叉性（图 1-1 和图 1-2）。设计师需灵活调整，以适应不同场景的设计要求。

图 1-1 公园景观（李文龙）

图 1-2 街区景观（李文龙）

在大学专业学习阶段，进行景观设计需接触不同的场地，涉及交通流线、功能分区、节点设计、高差设计等方面。由于不同高校的办学条件有一定的差异，学生在实践中可能会接触到各种类型的景观设计项目。这些差异促使不同高校在人才培养方面形成各具特色的专业方向，使景观设计人才培养领域呈现出百花齐放的状况。

1.2　景观设计的价值

景观设计是一个与城乡居民生活密切相关的设计领域，它构成了人们的“空间印象”和“生活经验”，这包括日常生活景观和重要的标志性节点景观（图 1-3 ~ 图 1-5）。设计师旨在优化人与环境的空间关系，美化景观风貌，使其既满足基本功能需求，又具有设计特色和亮点，展示“设计个性”。

图 1-3　古城（李文龙）

图 1-4　古镇（李文龙）

图 1-5　传统村落（李文龙）

在实际设计过程中，设计师不仅是方案主导者，还需与场所使用者、事件参与者一同参与部分实现环节。近年来，设计师培养重点在于学习相关设计理论和知识，以及通过方案表达与甲方沟通的能力，努力实现更好地“用图说话”的场景。这样的技能训练方式有助于提高设计方案的质量和满足公共参与需求。

景观设计涵盖内容丰富、范围广泛，要求设计师开阔眼界，突破专业壁垒带来的思维限制。在设计过程中，需统筹考虑多种空间要素和技术方法，对人居环境中的空间造型、形态和关系进行归纳、总结及表达。

由于景观设计的多元性，学习内容涉及景观建筑设计、植物造景、景观规划和环境设施设计等方向。为了提升学生的设计能力，大学通常开设多种课程，这些课程包括软件类、手绘表达类、史论类和社会调研类等。这些课程有助于培养学生全面掌握景观设计的知识和技能。

作为学习景观设计相关专业的在校大学生，在学习景观设计的初始阶段应重视理论知识的积累，一方面要阅读经典的古代造园著作，另一方面也要学习前沿的现代景观设计著作；既要学习和继承以往传统的优秀设计元素及方法，也要积极学习新的设计理念。通过阅读、归纳和总结，可以较为准确地掌握景观设计的设计方法和思维方式，从而为以后独立进行景观设计方案绘制打下坚实的基础。

景观设计师的培养应关注自身生活环境带来的空间使用体验和经验（图 1-6 和图 1-7）。熟悉自身生活环境有助于观察和提取相关设计元素，形成独特的“设计语言”并构建“设计语料库”。

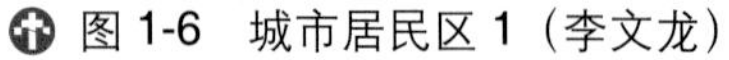

图 1-6　城市居民区 1（李文龙）

图 1-7　城市居民区 2（李文龙）

同时，要重视如何表达这些“设计语言”。景观设计的表达方式包括计算机软件出图表达和手绘表达技法。尽管计算机软件是实际工作中的主要表现形式，手绘技法在高校人才培养环节和方案初步形成阶段仍具有不可或缺的价值。掌握这两种表达方式，有助于提升设计师的专业能力和沟通效果。

1.3　景观设计的表达方式

当设计师在思考方案并对某一个问题已经有了自己的答案时，就需要用一种快速、美观的方式将其呈现出来，让别人也能够理解自己的想法，这就是学习专业表达技能的意义所在。在景观设计中，软件表达和手绘表达各自具有一定的优劣势。用计算机软件来进行景观设计方案表达可以呈现更加直观、准确的表现效果，因此在设计商业活动中，其成为目前的主要表达方式。而手绘表达相关景观设计方案时间短，出图快，在方案初期可以辅助设计师进行细节推敲。通常设计师在进行景观设计方案的绘制过程中会同时使用手绘和计算机软件两种表达方式。

所谓景观设计手绘，就是不借助计算机技术，而采用徒手或尺规作图的方式来表达自己的创意和想法。在景观设计的分析构思阶段，常常采用手绘的形式对整体的空间关系和流线组织进行推敲，通过对草图的不断修改和打磨，可以使得设计更有逻辑性，也为后续的方案细化奠定了基础。在之后的细节设计阶段，同样可以利用手绘来绘制各种小场景效果图，这些图尽管不如计算机软件表达得那样翔实、逼真，但胜在表达的自由和快速，可以让设计师更加方便、及时地同他人沟通自己的设计想法。

因此可以说，景观设计手绘非但没有过时，反而在方案的整体表达中占据着重要的地位，是每一个景观设计师都应当掌握的专业技能。在接下来的章节中，本书就将对景观设计手绘所包含的主要内容和练习方法进行介绍。

第 2 章 景观设计手绘基本材料与工具

在景观设计手绘表达中，工具对于手绘作品的最终表达效果有着十分重要的影响，不同的手绘材料与工具能够呈现出风格迥异、各具特色的表现效果。在手绘表达方案时，设计师会选择单一或多种绘图工具进行绘图，难度随着表达内容的增加也会上升。因此，有必要对景观设计手绘中常用的材料与工具进行介绍，为以后手绘者进行技法练习奠定基础（表 2-1）。

表 2-1　景观设计手绘常用工具

类　别	名　称	特　　点
绘图纸	素描本	可随时携带，记录设计师转瞬即逝的灵感和设计想法
	硫酸纸	透明度高，可进行多个纸张的图层叠加，常用于前期方案构思
	白纸	成本低，手绘表达效果好
绘图笔	铅笔	构思前期的草图，方便修改
	针管笔	可对方案进行正式线条表达
	彩铅	可上色，颜色深度相对较淡
	马克笔	可上色，颜色深度明显
其他工具	胶带	固定图纸
	比例尺	确定比例、尺度
	平行尺	绘制直线较为准确
	圆模板	更为准确地绘制圆形轮廓

2.1　绘　图　纸

常用的绘图纸包括素描本、硫酸纸和白纸等。素描本上可积累一些常见的素材，记录自己的灵感和设计想法；硫酸纸常用于方案前期的草图构思；白纸用来表达正式的设计方案。手绘表达的初学者可选择普通的白纸进行练习，由于白纸成本较低，可以降低手绘初学者“怕画错”“怕画乱”的心理顾虑。

2.2 绘 图 笔

手绘的过程中会用到各种类型的笔，常用的绘图笔包括草图铅笔、针管笔等。草图铅笔主要用来构思方案前期的草图，表达上较为随意（图 2-1）。

图 2-1　草图铅笔（李文龙）

当用铅笔完成了方案的前期构思后，便可以用针管笔进行正式绘制。使用者可以根据自己的握笔力道和描绘对象来选择不同型号的针管笔。一般针管笔是勾勒线稿墨线的一种重要绘图工具（图 2-2）。在勾画一些阴影部分和重要物体的轮廓时可以使用较粗的针管笔，而在一些相对细节的区域则可选择较细的针管笔。

图 2-2　针管笔（李文龙）

如有时间限制，部分细节可以直接使用针管笔来进行刻画，而不使用铅笔，从而节省时间。使用者在使用完针管笔后须及时将笔盖关上，防止长时间不用笔头变干，影响下次绘图时的表达效果。

2.3 上 色 工 具

景观设计手绘中常用的上色工具包括马克笔和彩铅。马克笔的上色效果相较于彩铅要更加鲜艳，颜色之间的明暗关系表达更为明确；彩铅颜色则较为淡雅，可用来刻画一些细节，但彩铅的表现技法在表现颜色明暗对比关系时，视觉效果可能较不明显（图 2-3）。

图 2-3　彩铅（李文龙）

目前马克笔和彩铅在景观设计手绘中都有着非常广泛的应用，相比之下马克笔的表达方式更为常见（图 2-4），这主要是因为马克笔对于重色的表达更为直接，在熟练掌握马克笔基本操作后，绘图速度将大大提升。初学者在上色时往往由于对上色准确度的把控缺乏自信，因而对用马克笔上色有一定的顾虑，建议将马克笔的颜色绘在纸上进行识别和记忆，这样有利于在短时间内迅速找到合适的马克笔颜色。

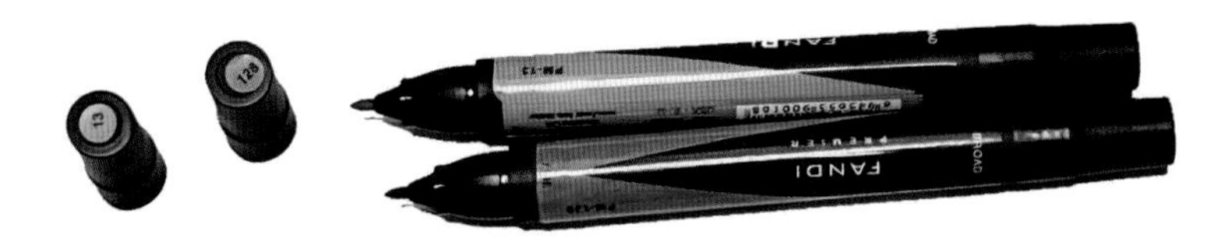

图 2-4　马克笔（李文龙）

需要注意的是，无论采用何种上色工具，关键一点是看其是否有利于绘图者本身良好习惯的养成及表达画面的效果，工具本身并没有绝对的优劣之分。绘图者需对颜色进行提前分析和比对，了解相近颜色的共同点和区别，以便为以后的手绘表达打下坚实基础。

2.4 其他工具

除了以上所介绍的工具外，还有一些工具在景观手绘中也十分常见，景观手绘练习者可根据自身实际情况选择使用。在作图的过程中时刻要注意比例的正确与否，如果一张图出现了比例上的错误，无论它的线条是否流畅，上色是否恰当，也不能称作是一张准确的景观设计图。因此在绘图过程中常常需要用比例尺来校对、检验。另外，用平行尺可以画出工整严谨的平行直线，而圆模尺则在景观平面图的植物刻画等环节中发挥着重要的辅助作用。

第3章 景观设计线条与色彩基本表达

线条与色彩是一幅手绘作品的重要表达方式，两者表达得好坏都将对手绘作品的整体效果产生决定性的作用。景观手绘通过线条可以较为清晰地勾勒出物体的轮廓特征和形体结构，而当让线条方向、疏密产生变化时，还会出现虚实变化、明暗变化、主次变化等视觉效果。因此，手绘过程中将不同类型的线条组合使用，可赋予作品多样的表达内容。色彩表达对手绘作品来说至关重要，优秀的色彩表达能使人们更好地感知画面中物体所使用的材质、肌理、照明等要素。另外，色彩表达也能反映所绘制空间的整体氛围，从而让观者能更好地理解设计师的想法和意图。因此，线条和色彩这两者在手绘表达练习中都很重要，二者相互依存、相互影响，缺一不可。

不少人认为线条和色彩的练习枯燥乏味，因此往往不够重视其专项练习。但在景观综合方案手绘表达中，若没有恰当运用“线条”和“色彩”的基本功，往往会使得效果表达事倍功半，既耗费了时间和精力，又没能达到预期的练习效果。本章将对景观设计中线条和色彩的常见表达方式和练习技巧进行讲解，以帮助初学者更好地开展相关练习，为以后的手绘制图奠定良好的基础。

3.1 线条表达

对线条表达的练习，首先要强调的是应合理使用直尺、圆规等制图工具。在绘制景观装置、特色小品、高大的建筑物时可适当使用这些绘图工具，使得所绘制的线条更加严谨、工整。但同时也不能对此类工具产生过分的依赖，因为通过尺规作图的方式绘制出来的线条看起来虽然横平竖直、清晰流畅，但是有时也会显得过于呆板，缺少一定的灵动性。景观设计不同于建筑设计，绘制对象通常还包括植物、水体等，采用徒手绘制的方式可以表现出不同类型物体的曲线，从而能更好地展现整个作品的生动性，而且使得图面看起来更为有趣活泼。不过在未进行充分训练时就徒手绘制线条，有时也会使得整个画面看起来杂乱无章，使观者无法准确把握绘图者的设计意图，此时便需要通过合理有效的训练来提升自己对线条的掌控力。

3.1.1 线稿用笔技巧

下面先介绍正确的握笔姿势和技巧（图 3-1），之后再通过介绍各类线条的绘制要点和练习方法，帮助初学者快速提升景观手绘中的线条表达能力。

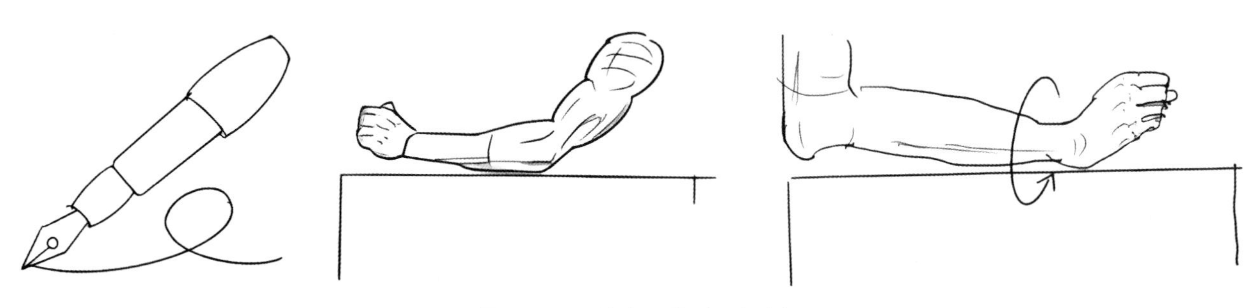

图 3-1　线稿用笔（田文鑫）

掌握正确的握笔姿势是进行手绘练习的基础。一般来说，在握笔时大拇指与笔尖的距离不能太远，同时运笔时笔尖与画纸之间的夹角也不能过大或过小。在绘制长线时要让自己的手肘、手腕还有笔尖保持在一条竖直线上进行平行运动，而通过腕关节的左右摆动则可以绘制出较短的直线。

这里还要提醒许多初学者，切忌将素描的握笔方法用到手绘之中。素描与手绘在理念上存在诸多不同，因此握笔姿势也完全不一样，不能一味地照搬套用。

横直线和竖直线在景观手绘中最为常用，在训练中应重点关注这两种线条类型（图 3-2）。在绘制直线时要有起笔和收笔的动作，运笔时要做到又快又稳，不能有过多的停顿和迟疑。在练习排线时可尝试在纸上划定一个小范围进行练习，如绘制小方格或是将纸对折。

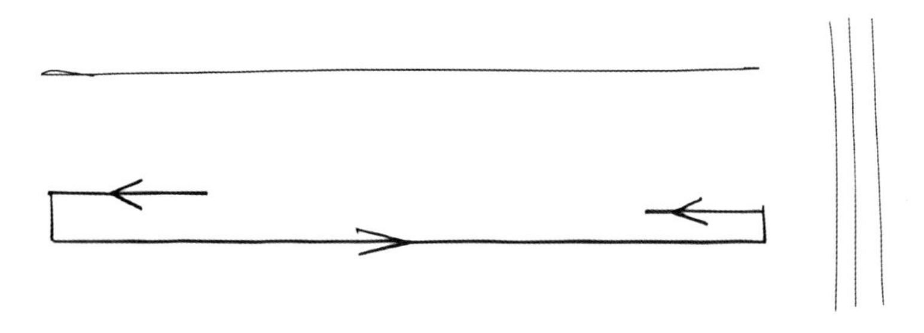

图 3-2　绘制直线（田文鑫）

3.1.2　各类线条的绘制方法

手绘线条最重要的一点在于对速度和力度的掌控。在绘制过程中没有必要追求绝对的横平竖直，而是在保持线条大体流畅和自然的基础上具有一定的灵活感。对于线条的练习可以按照由短到长的顺序，在掌握了短线的绘制技巧后，再开始进行长线的练习。同时还应对不同角度的倾斜线条进行有针对性的训练，以便在后期的效果图绘制中准确把握透视关系。在经过了单一线条的练习之后，练习者可尝试提升难度，通过对长直线、短直线、斜线等各类线条的组合运用，绘制相对较为复杂的图案（图 3-3），以此更好地提升自己对线条的掌控力。此外，在掌握了基本的绘制要领后，练习者还可以对自己的不足之处进行改进，以便更好地提升手绘能力。

图 3-3　不同方向的线条练习（田文鑫）

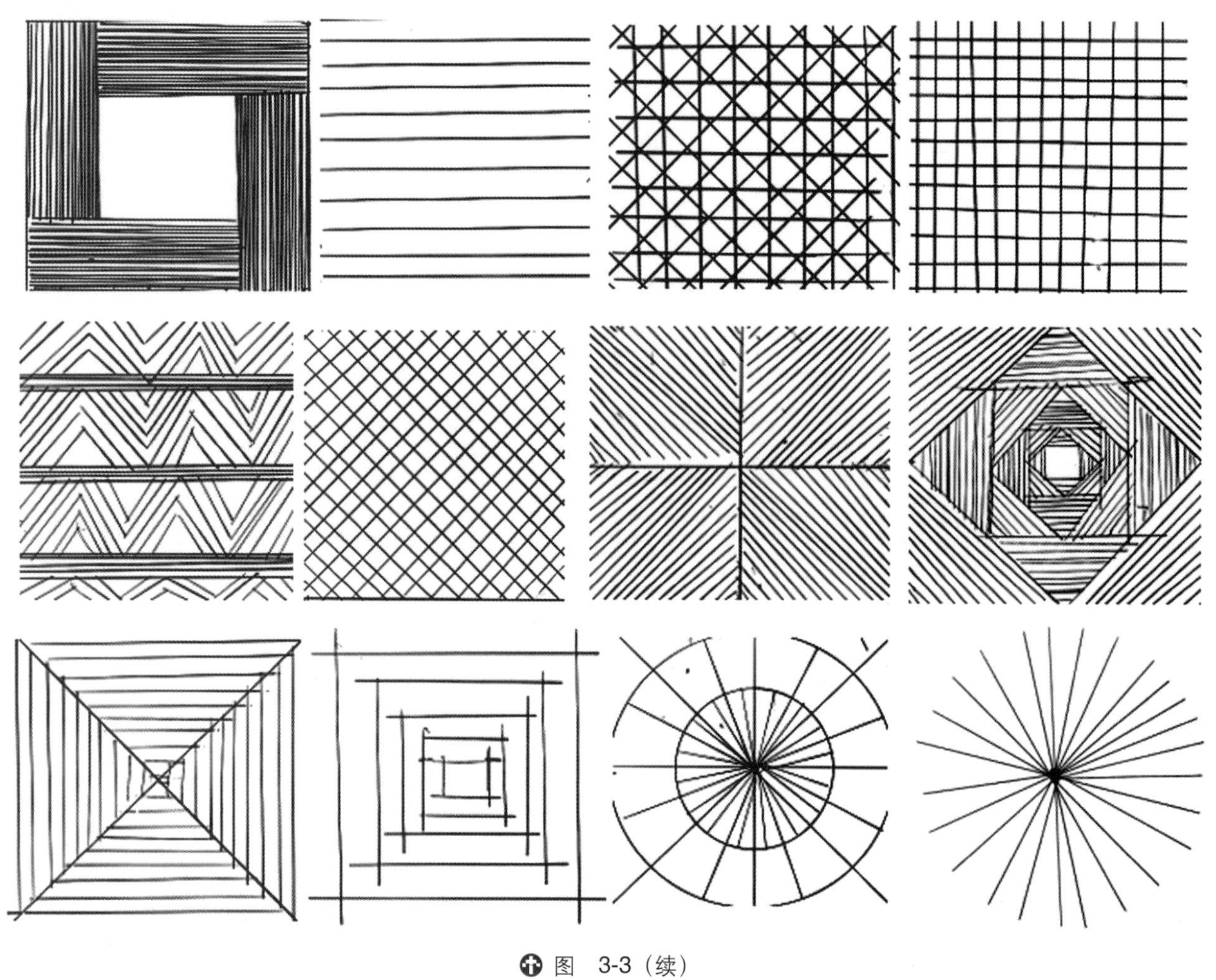

图 3-3（续）

手绘练习者在绘制直线时，需要注意保持手的平稳，尽量避免抖动。可以利用画笔的重心保持平稳。在绘制时要注意线条的粗细，可通过调整笔接触纸的压力来控制（图 3-4）。

图 3-4 直线练习 1（韩继悦）

需要注意保持笔杆相对垂直于纸面，手腕和手臂保持相对静止，通过手指和手腕的微小移动来绘制线条。同时，绘制较长的直线时，可以考虑分段绘制，每次只绘制一小段，然后将它们连接在一起（图3-5和图3-6）。

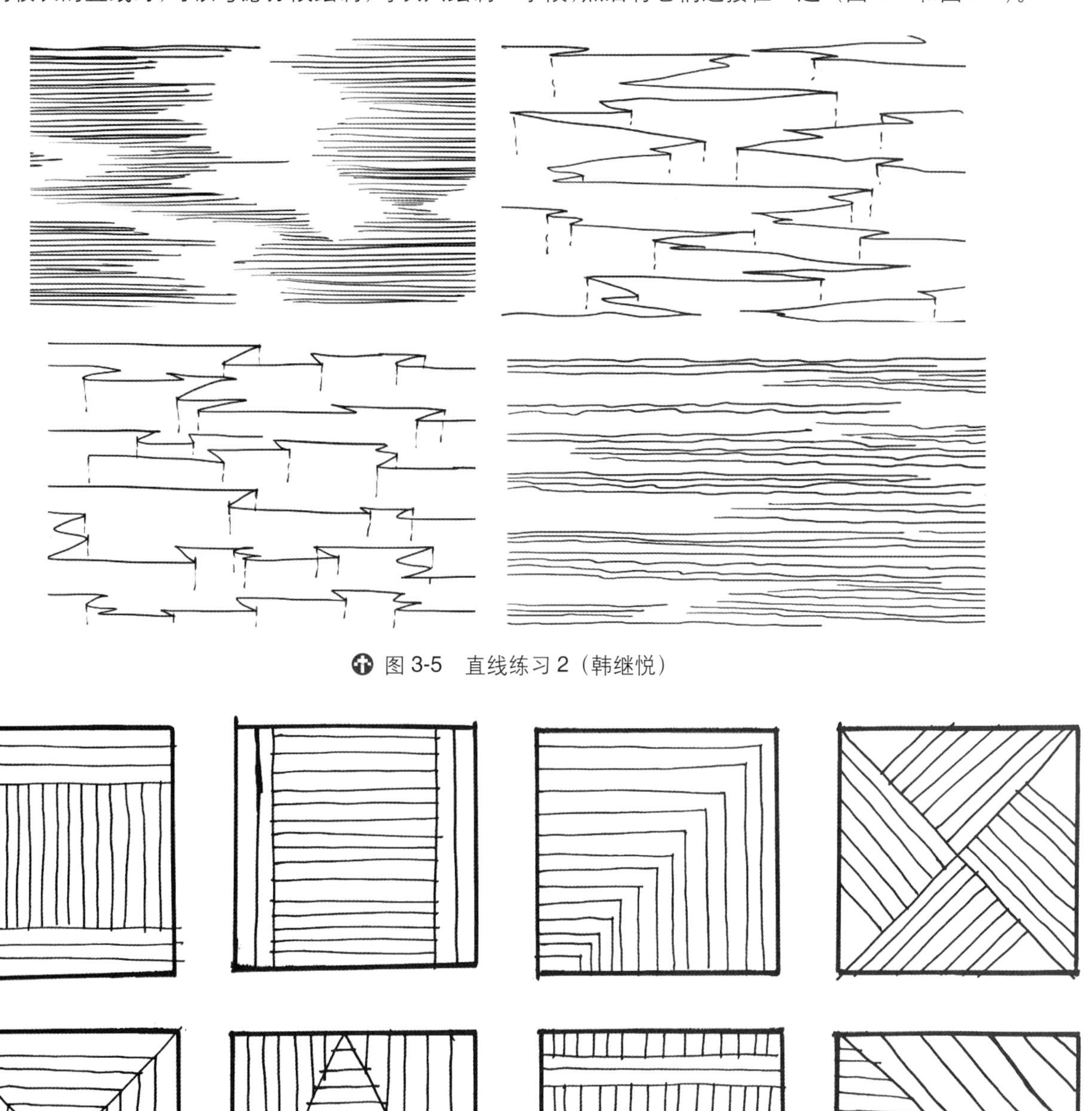

图3-5　直线练习2（韩继悦）

图3-6　直线练习3（田文鑫）

曲线的绘制相较于直线而言难度更大，其原因在于曲线的弧度和力度较难掌握和把控。因此，练习者在练习过程中应遵循由易到难的过程，在熟练掌握直线的绘制技巧后再开始进行曲线的练习。在手绘表现中适当运用曲线，可使得整个画面更加生动活泼，富有灵气（图3-7和图3-8）。

在绘制过程中首先要保持手腕以及指关节的放松；其次在绘制时即使有小细节上的失误也不要犹豫和停顿，而是要一气呵成地画完，保持总体上的自然流畅即可，没有必要过分追求完美。

图 3-7　曲线练习 1（韩继悦）

图 3-8　曲线练习 2（韩继悦）

此外，画曲线并不意味着随心所欲地自由发挥，而是要做到“心中有数”，在下笔前就要想好希望达到怎样的表现效果，从而进一步聚焦到要在何处起笔，何处转折，何处停顿（图 3-9 和图 3-10）。

图 3-9　曲线练习 3（田文鑫）

图 3-10　组合线练习（田文鑫）

在景观设计手绘中，通过绘制局部的景观节点平面图的方式能帮助初学者快速掌握对各类线条的综合运用能力。

在表现过程中，一般用实线勾勒主体结构，如建筑物、道路、水体等，实线一般较粗，可以突出主体的轮廓；虚线和点画线较细，可用来勾勒边缘或边界，在不影响整体结构的情况下可以突出细节；阴影线则用来表现立体感，如建筑物的阴影线、道路的阴影线等（图 3-11 和图 3-12）。

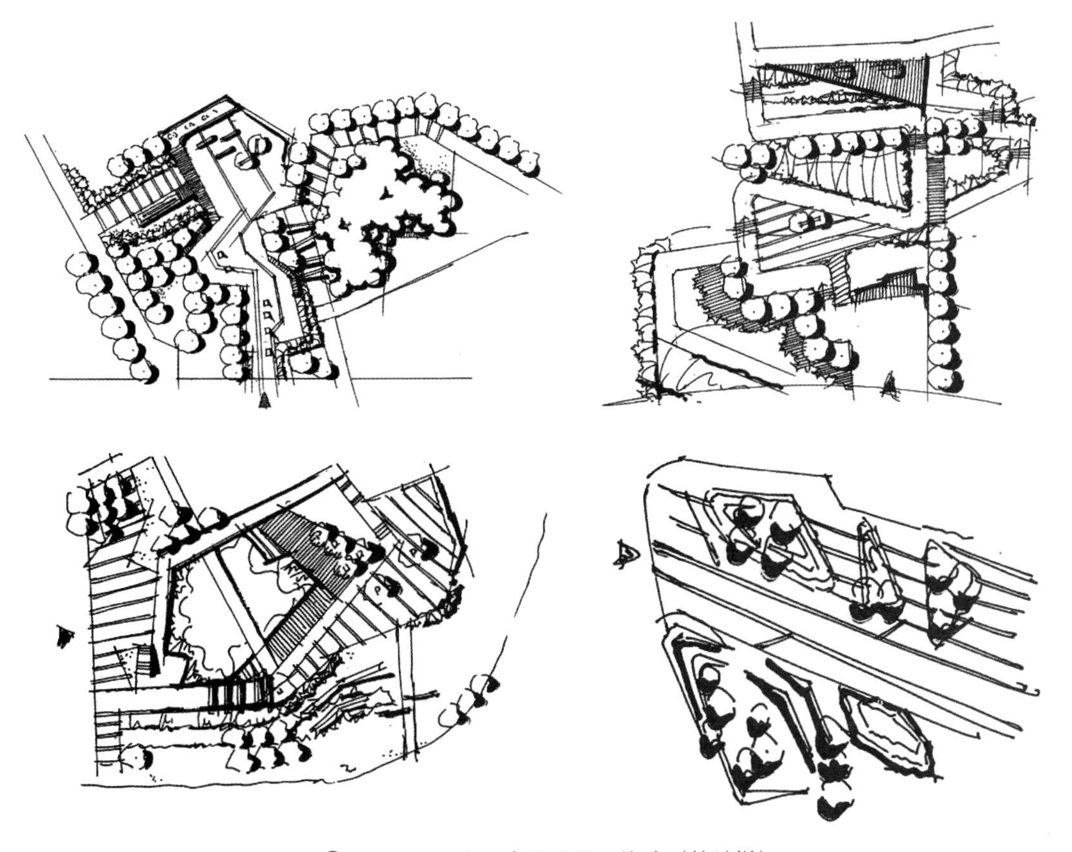

图 3-11　小尺度景观平面线稿（韩继悦）

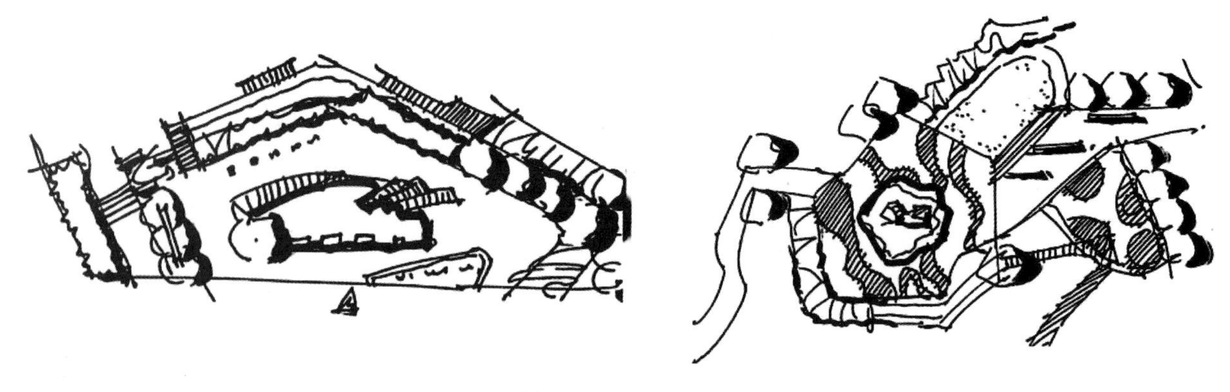

图 3-11（续）

3.2 色彩表达

景观设计手绘中常用的色彩表达工具有两种，分别是马克笔和彩色铅笔。在这两种工具当中，马克笔由于其使用方便、快速，在景观手绘中得到了广泛的运用。因此，本节将从握笔技巧和常用笔法两个方面对马克笔在景观设计手绘中的运用进行介绍，希望能为初学者提供一定的参考和帮助。

3.2.1 马克笔握笔技巧

马克笔的握笔方式如图 3-12 所示，使用时拇指和食指发力，握住笔的中部，笔杆放置于虎口处。此外，还有几个原则需要引起注意。

（1）运笔时手臂随着手腕一起摆动，这样可以使绘制的线条简洁有力。

（2）一般笔头在绘制过程中要保持方向一致，不能随意转动。

（3）起笔和收笔时要尽量做到用力均匀，不能深一块浅一块，否则影响图面的美观（图 3-13）。

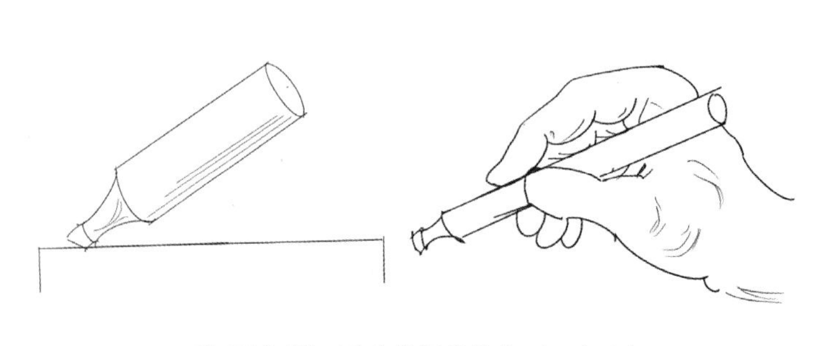

图 3-12　马克笔握笔姿势（田文鑫）

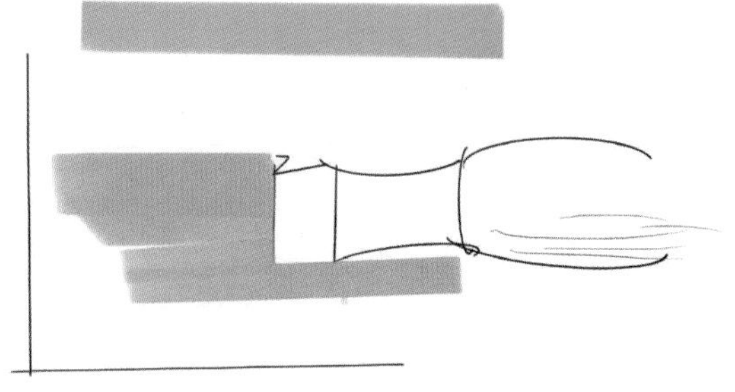

图 3-13　常规马克笔用笔技巧（田文鑫）

马克笔色卡是一种用于记录、分类、比较马克笔颜色的工具，它由一张或多张纸板组成，上面印有常用马克笔的颜色样本，可以避免手绘者频繁地拿起和放下马克笔，从而提高工作效率和准确性（图 3-14）。

同时，通过将不同颜色的马克笔样本放在一起，可以更好地比较和区分不同颜色之间的差异和相似之处，从而更好地选择和搭配颜色。因此，在制作色卡时可以将相近的颜色放在一起，或者按照颜色搭配的规律进行排列，以免出现颜色混淆或误解。

随着时间的推移，马克笔的颜色可能会发生变化或者需要添加新的颜色，因此需要定期维护和更新色卡，以保证其实用性和准确性。

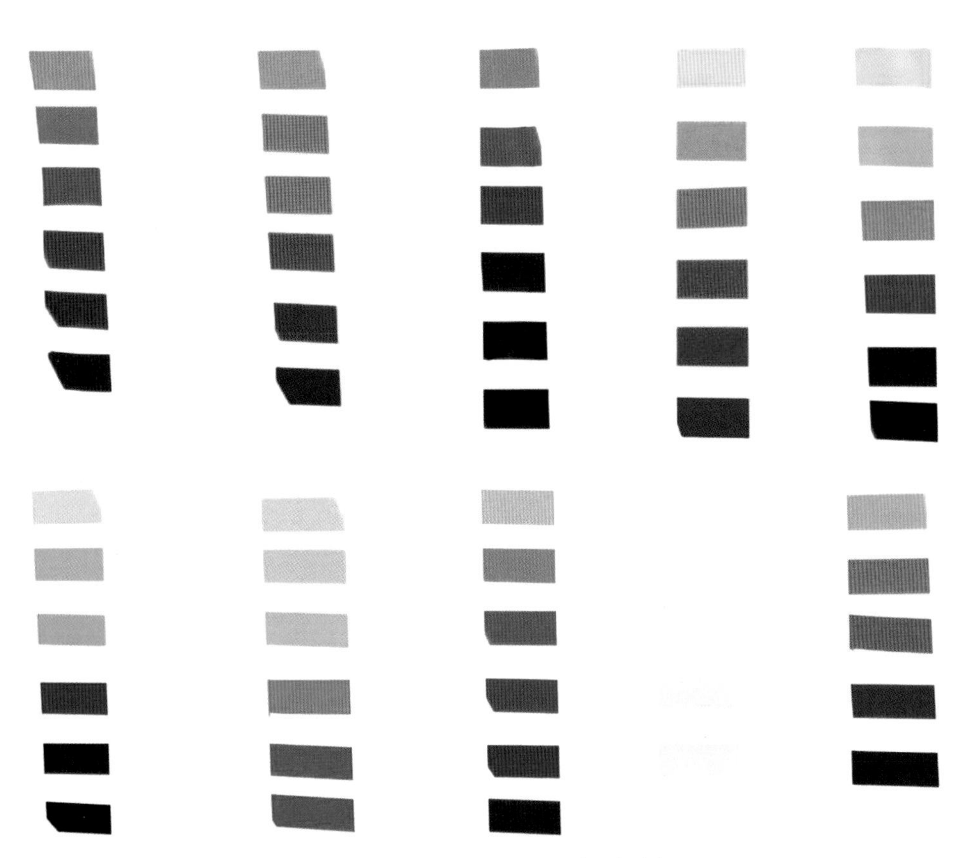

图 3-14　马克笔色卡（田文鑫）

3.2.2　马克笔常用笔法

马克笔在使用时可根据不同光影关系和材质等采用不同的笔法。具体来说，常用的笔法可分为平涂、线笔、扫笔、蹭笔、点笔五种类型。

（1）平涂。平涂是马克笔使用最多的一种笔法，因此要对其进行重点练习（图 3-15）。平涂是指使用马克笔的侧面或者斜面，在纸张上涂抹出均匀的颜色。平涂主要用于填充大面积的颜色和制造柔和的过渡效果。

平涂时下笔要果断、快速，不要犹豫不决，更不能长时间将笔尖停留在纸面上形成"笔头印记"，影响图面的美观（图 3-16）。

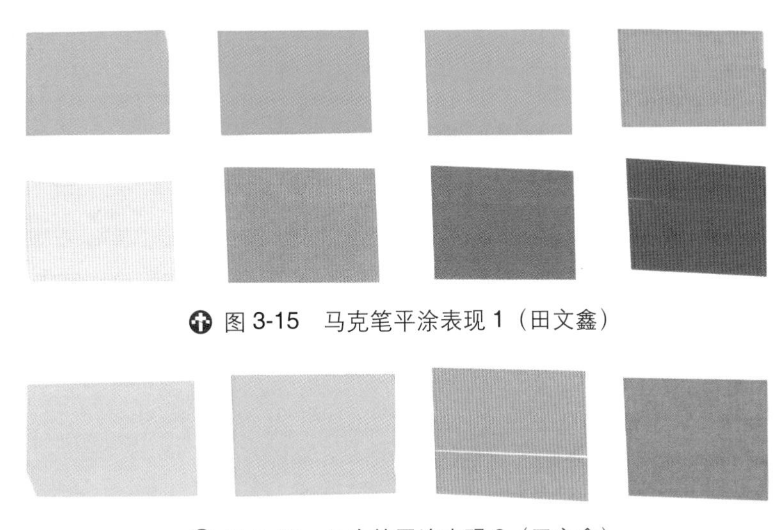

图 3-15　马克笔平涂表现 1（田文鑫）

图 3-16　马克笔平涂表现 2（田文鑫）

平涂需要用到马克笔的侧面或者斜面，手的力度和速度要保持一致。在涂抹的过程中要尽可能避免笔触和涂抹方向的变化，以保持颜色的均匀性。

平涂时还可以使用不同的角度和力度来制造不同的效果。可以使用多种颜色进行交叉涂抹，制造渐变和混合效果。

（2）线笔。线笔是马克笔手绘中最基本也是最常用的表现技法之一，它可以用于描绘轮廓线、纹理线和阴影线等。轮廓线的粗细和深浅可以用来表现物体的距离和重要程度，纹理线的方向、粗细、间距和深浅可以根据被描绘物体的材质和形态进行选择，阴影线的粗细和深浅可以用来表现物体的体积和光影效果（图 3-17）。

图 3-17　马克笔线笔表现（田文鑫）

在运用线笔的表现技法来绘制景观效果图时，首先应了解被描绘的景观的特征和结构，包括地形、植被、建筑物等方面的信息。只有了解了这些信息，才能更好地运用线笔技法进行描绘和表现。

此外，要特别关注线条粗细和深浅的表现。一般来说，远处的景物线条应该较细较浅，近处的景物线条应该较粗较深。

同时，景观中不同的植被和材质有着不同的纹理和方向，因此在使用线笔的技法时，需要注意线条的方向和纹理，以便更好地表现出景物的方向和质感。

（3）扫笔。扫笔指在运笔的过程中迅速抬笔，用笔触留下过渡空间。扫笔多用于处理图面的边界线。扫笔是一种较为细腻和精细的表现技法，需要在掌握好基本技巧的基础上不断地尝试和探索，才能取得更好的效果（图 3-18）。

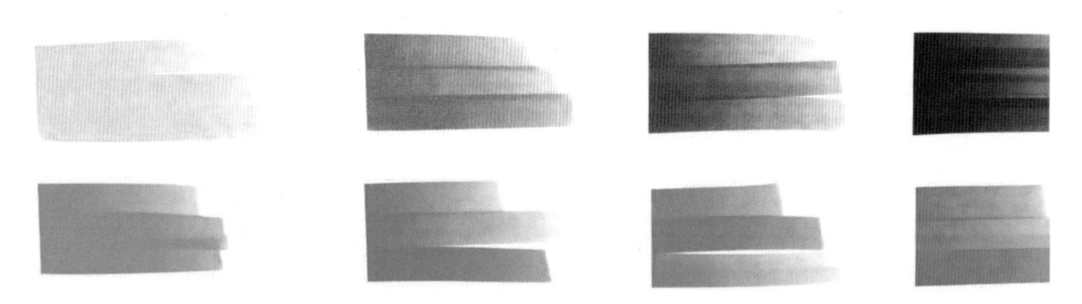

图 3-18　马克笔扫笔表现 1（田文鑫）

在选择马克笔时，最好选择中细或较细的马克笔，以便获得更为轻盈的线条和阴影效果。

同时，在扫笔时需要轻柔的力度，以避免出现过于浓重的颜色和粗糙的线条。在绘画过程中，可通过调整笔的角度和压力来控制线条的粗细和阴影的深浅。扫笔往往要花费一定的时间，因此需要掌握好绘画的节奏，避免在画面中出现过多的线条和不必要的痕迹（图 3-19）。

图 3-19　马克笔扫笔表现 2（田文鑫）

（4）蹭笔。蹭笔是指使用马克笔的笔尖在纸张上蹭出颜色。蹭笔主要用于制造颜色的过渡和混合效果，在表达过程中手的力度和速度要保持一致。

蹭笔时可以使用多种颜色进行交叉蹭出，制造渐进式的表现效果；还可以使用不同的笔尖来制造大小和形状不同的纹理（图 3-20）。

图 3-20　马克笔蹭笔表现（田文鑫）

蹭笔通常需要较大的力度，但要注意掌握好力度的大小，避免在画面中出现不必要的颜色斑点；同时在蹭笔的过程中，还可以通过调整笔的角度获得不同的纹理效果。

此外，蹭笔的表现技法有着极大的多样性，可用于表现不同的纹理效果，如草地、树枝、水面等，因此，在绘制过程中可尝试使用不同的颜色和力度来表现不同的景观特征。

（5）点笔。点笔是指使用马克笔的笔尖在纸张上点出小点来上色。点笔主要用于创造细节和纹理，也可以用于制造色彩渐变的效果。在绘制过程中，需要使用马克笔的尖端。在点笔的过程中，可以调整手的力度和角度来控制点的大小和形状（图 3-21）。

点笔时需要注意不同颜色之间的搭配，尤其是不同色调之间的搭配，避免产生不协调的视觉效果。

此外，技法的运用要均衡。在运用点笔技法时，需使用不同粗细和密度的笔触，要注意在图面中保持一定的平衡感，以免带来不和谐的画面效果。

图 3-21　马克笔点笔表现 1（田文鑫）

同时，点笔绘画需要注意所描绘对象的细节处理，可使用不同角度和密度的笔触来表现细节，如草丛的纹理、树皮的质感等（图 3-22）。

图 3-22　马克笔点笔表现 2（田文鑫）

第 4 章 景观设计透视基本手绘表达

透视在手绘表达中起到关键的作用，同时也是整个空间场所表达的基本框架。如果一张图透视上出现了严重错误，哪怕其线条再优美流畅，色彩再丰富生动，一样会使整体效果大打折扣甚至失真、错误。归根到底，透视表达体现的是手绘者对空间的感知能力和想象能力，一般需要大量系统的训练和专项学习。只有熟练掌握了场所中的透视关系，才能在设计作品中表达清楚更多的空间搭配关系，使得画面整体更加生动、活泼、精准。

本章将重点介绍景观设计手绘中的透视表达。手绘练习者通过学习透视表达，可以更好地运用手绘技法来描绘实体物体以及展示空间关系，从而使作品更富有真实感。

首先应了解透视的基本含义。在日常生活中，观察者与想要观察事物的距离、位置不同，所看到的大小、高低也会有所不同，这便是透视（图 4-1～图 4-4）。在绘制景观效果图时，需准确表达空间透视关系，因此效果图有时又被称为透视图。

常见的透视关系包括一点透视、两点透视和多点透视，其中一点透视和二点透视的关系最为常用，因此本章将对这两大透视关系进行详细介绍。

图 4-1　透视场景实景图 1（李文龙）

图 4-2　透视场景实景图 2（李文龙）

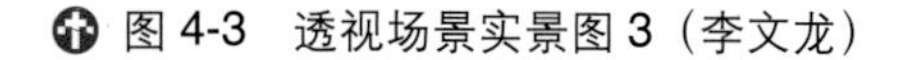

图 4-3 透视场景实景图 3（李文龙）

图 4-4 透视场景实景图 4（李文龙）

4.1 一点透视

4.1.1 一点透视的定义

一点透视是所有透视关系中较为简单的一种，在手绘中也有着十分广泛的运用(图 4-5)。关于一点透视的定义，简单来说，当所有景物都通过透视线交会于远处某一点时即构成了一点透视。多条透视线交会的点通常被称为灭点，与画者眼睛平行的水平线称为视平线（图 4-6）。

从特点上来说，一点透视涉及远景与近景之间的空间关系表达，常应用在道路、街区等纵深感较强的空间。

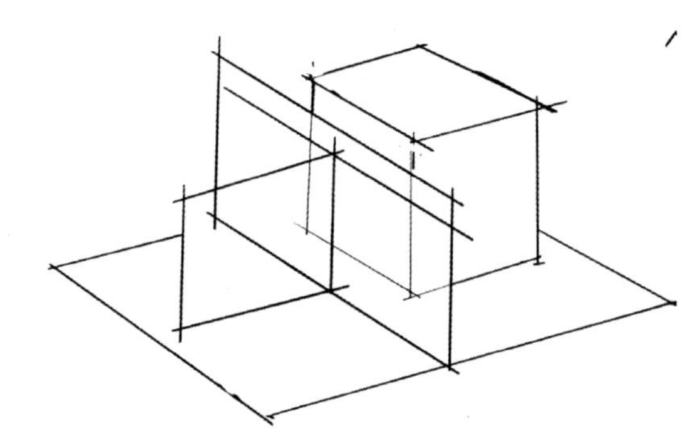

图 4-5 一点透视形成原理（田文鑫）

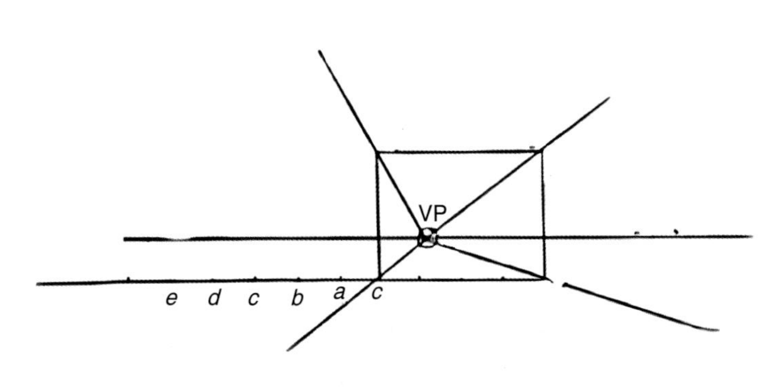

图 4-6 一点透视步骤画法 1（田文鑫）

4.1.2 一点透视的绘制要点

在绘制具体场景时，要注意对空间的尺度、比例和结构的整体把握。首先要确定水平线的高度和灭点的位置。在手绘效果图构图时，视平线不宜放置得过高或是过低，一般可置于整个画面的三分之一左右。而为了不让整个画面形成对称构图，从而看起来过于严肃、不够活泼，最好不要将灭点放于视平线正中心。接着依据比例和位置关系确定画面的主体内容，并将其准确地放在透视的大框架当中。最后按照近大远小、近实远虚、近高远低的原理处理好虚实关系，并且进一步完善画面的其他细节即可（图 4-7）。

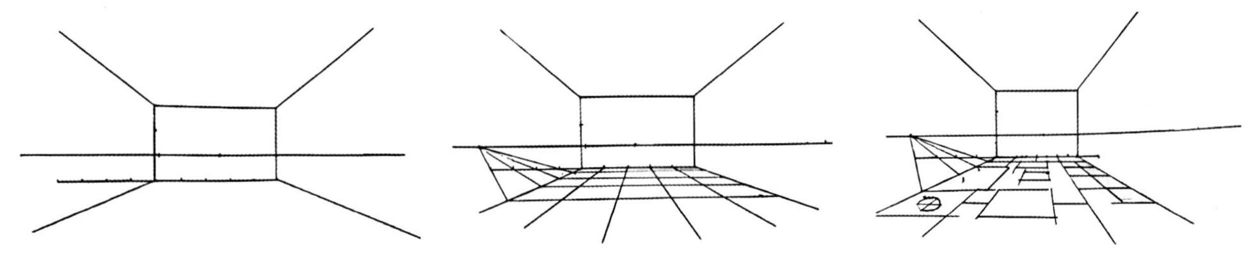

图 4-7　一点透视步骤画法 2（田文鑫）

立方体造型简单、易于上手，通过画立方体可以锻炼立体形象思维以及空间想象能力，从而帮助手绘者更好地学习在二维的平面上表现三维的立体效果。因此可以说，对立方体进行绘制是学习手绘构图的基础（图 4-8）。在熟练掌握相关的构图知识后便可以做到举一反三，为之后绘制较为复杂的透视效果图打下坚实的基础。

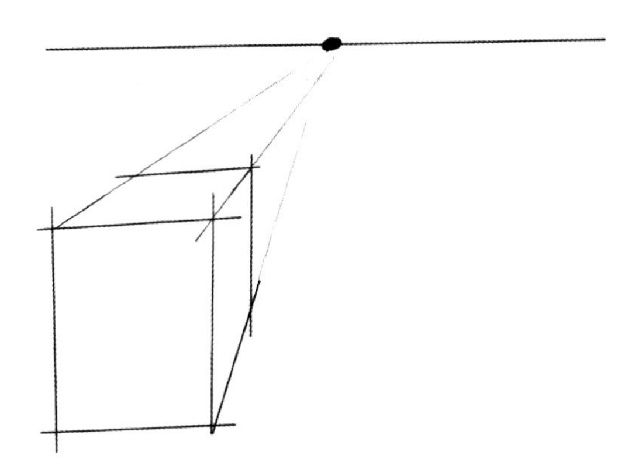

图 4-8　立方体直观图（田文鑫）

在绘制立方体的一点透视图时，对灭点位置的选择尤其重要。手绘者在平时生活中要多注意观察，收集相关的照片和素材。在手绘表达时也可借助辅助线，通过将边线延长来确定消失点在图面中所处的位置（图 4-9）。

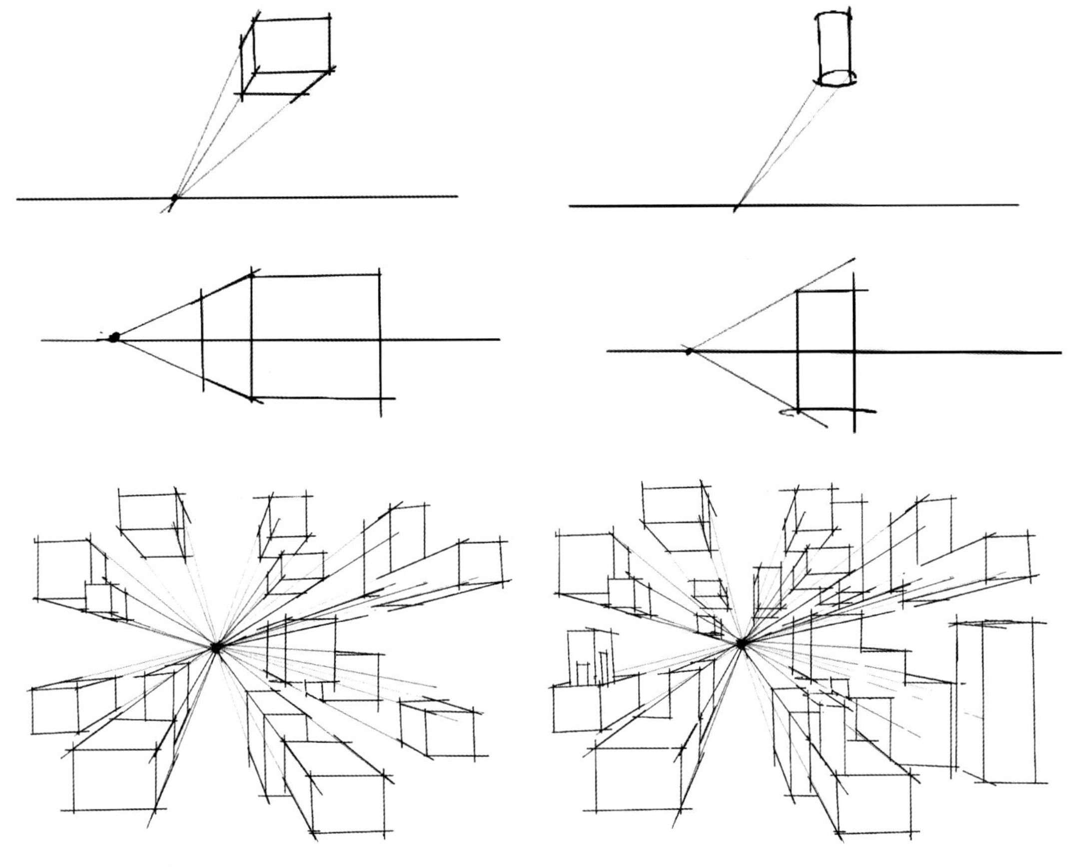

图 4-9　一点透视（田文鑫）

在运用透视原理进行景观效果图的绘制时，首先，要明确画面中所要表现的主要景观，这便意味着在开始构图时就应为主景预留出足够的空间，同时在主景四周也要留出一定的空间用来表现配景；其次，在主景画完后还可根据图面的需要对构图进行微调，在画效果图时要时刻牢记近景、中景、远景的空间关系，这样就能使所画的图面更加富有层次；最后，主景作为整幅画面的核心和焦点，在画的过程中要被赋予更多的细节，如植物枝叶的生长方向、铺装的纹理，构筑物的内部结构等，以此来更好地突出主景的地位。

此外，关于构图和视角的选择方面还存在一些基本的规律，手绘者也应对其有所了解，主要包括以下三点。

(1) 整体风格一致。在构图中要保持各个景观要素的和谐搭配，不能有某一要素显得过于突兀，而与周边的环境格格不入的情况出现。但过分追求统一也会使得图面过于呆板无趣，因此在追求图面整体统一的基础上还应适当添加富有秩序的变化，例如植物的高低错落、构筑物的巧妙组合和有趣的地形变化等。

(2) 平衡感的把握。在景观设计中的平衡并不意味着严格的左右对称、前后呼应，而是在画面表达中，注意画面的重心不能过度地偏向于一边，影响画面美感。例如在台阶左侧布置假山片石，在右侧则可种植花草灌木，一样可以实现平衡。

(3) 严格的比例与尺度。比例是景观各个组成部分之间的相对数比关系，它是由人们长期活动所产生的客观经验和心理感知所形成的，合乎比例的设计会让人们感到心情愉悦，同时也能更好地发挥景观的相关功能。不同的尺度会带给人们不同的心理感受，如城市的大型文化纪念广场往往尺度较大，人们身处其中会感到空间的辽阔以及主体建筑物的雄伟；而小尺度的空间给人们带来的感受则截然相反，例如幽静的花园给人以宁静、私密的体验。

4.1.3 一点透视的具体应用

景观小品是景观设计中不可或缺的一部分，它与山石、植物、水景等造景要素共同构成了优美的整体景观环境，因此对景观小品的绘制是景观手绘表现中的重要内容（图 4-10 和图 4-11）。景观小品的风格多种多样，这是由其所处环境的整体风格所决定的，在表现时，尤其要注意对景观小品的外部造型、内部结构、使用材质和光影效果进行详细刻画。此外，比例和尺度也是不容忽视的内容，手绘者应对常见景观小品的尺寸进行了解，这样在画的过程中才不会犯比例失衡的错误。

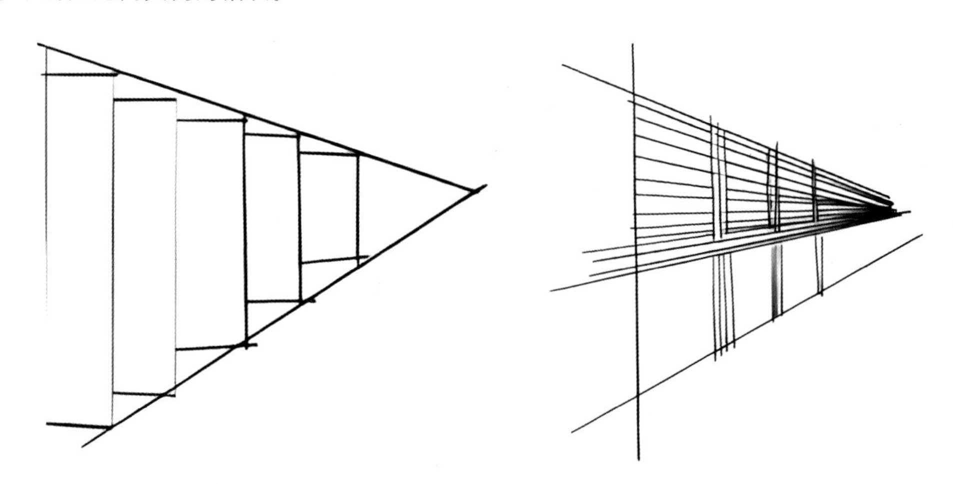

图 4-10　一点透视在景观小品中的运用 1（田文鑫）

在运用一点透视原理绘制局部场景时，选择一个合适的视点是非常重要的一步，合适的视点应该能够突出景观设计的主题，同时保证场地内所有的景观元素都可以清晰地呈现出来。通常视点距离越远，透视效果越明显（图 4-12～图 4-14）。

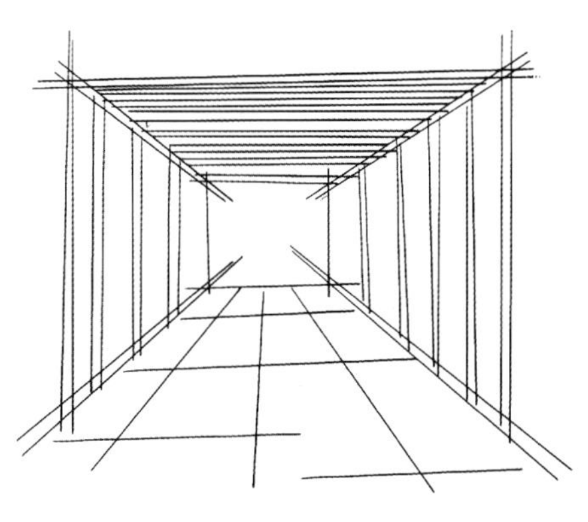

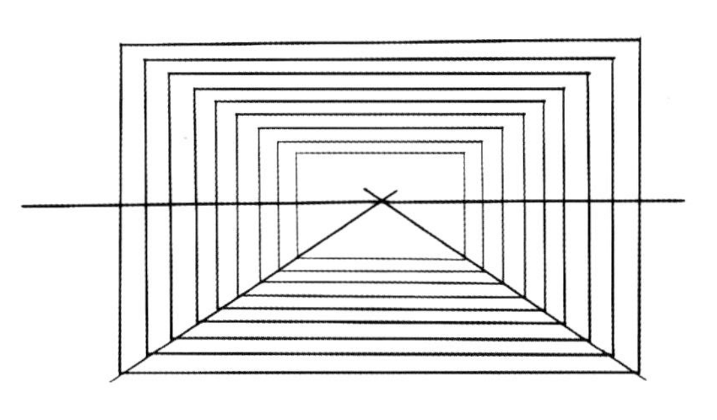

图 4-11 一点透视在景观小品中的运用 2（田文鑫）

图 4-12 一点透视在局部场景中的运用 1（韩继悦）

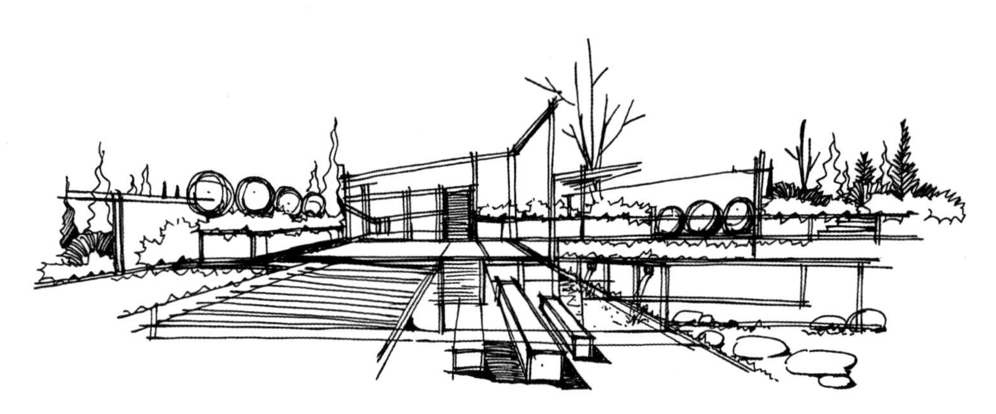

图 4-13 一点透视在局部场景中的运用 2（韩继悦）

图 4-14 一点透视在局部场景中的运用 3（韩继悦）

此外，还可根据物体的位置和关系，用虚线或实线画出透视线。需要注意的是，透视线需延伸至视点处（图 4-15～图 4-17）。

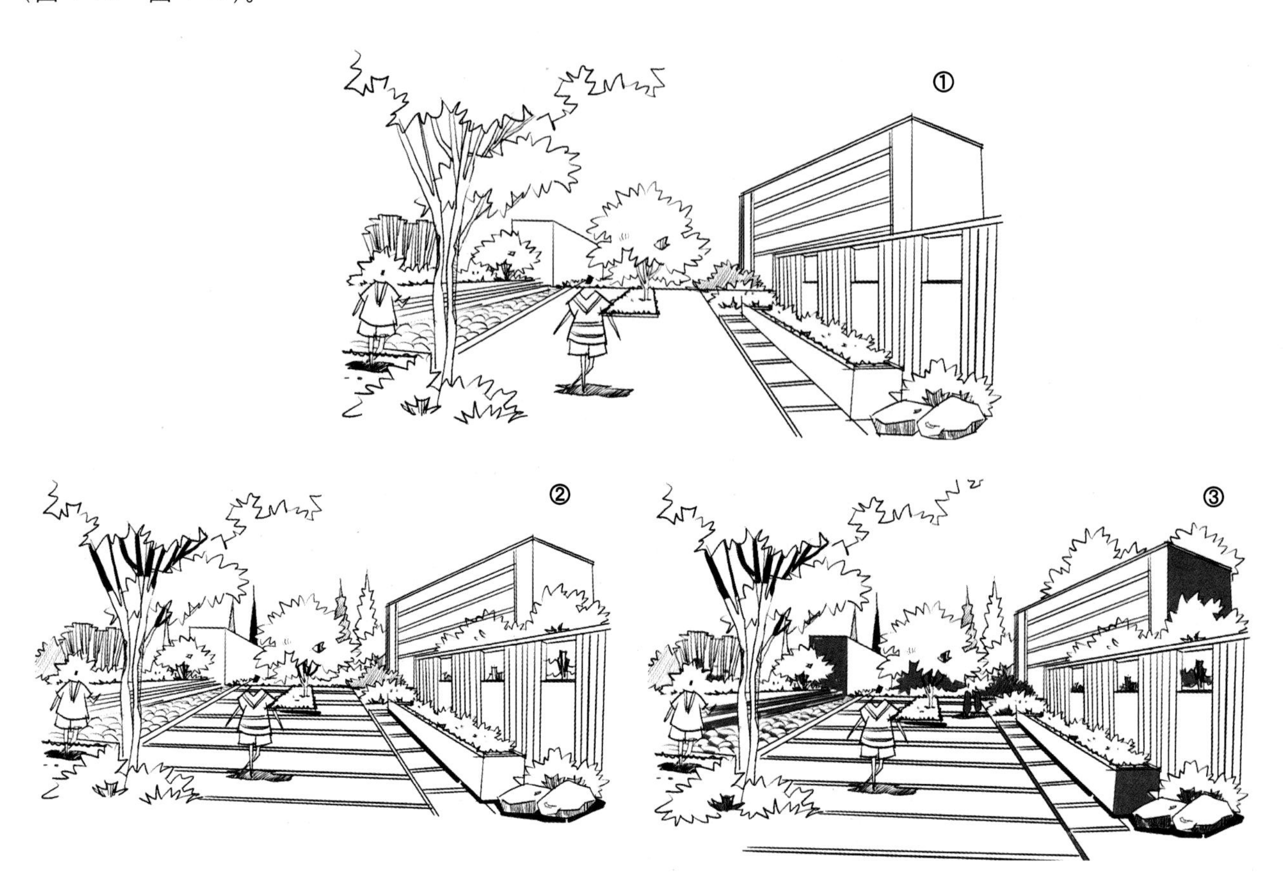

图 4-15　一点透视效果图表达步骤 1（韩继悦）

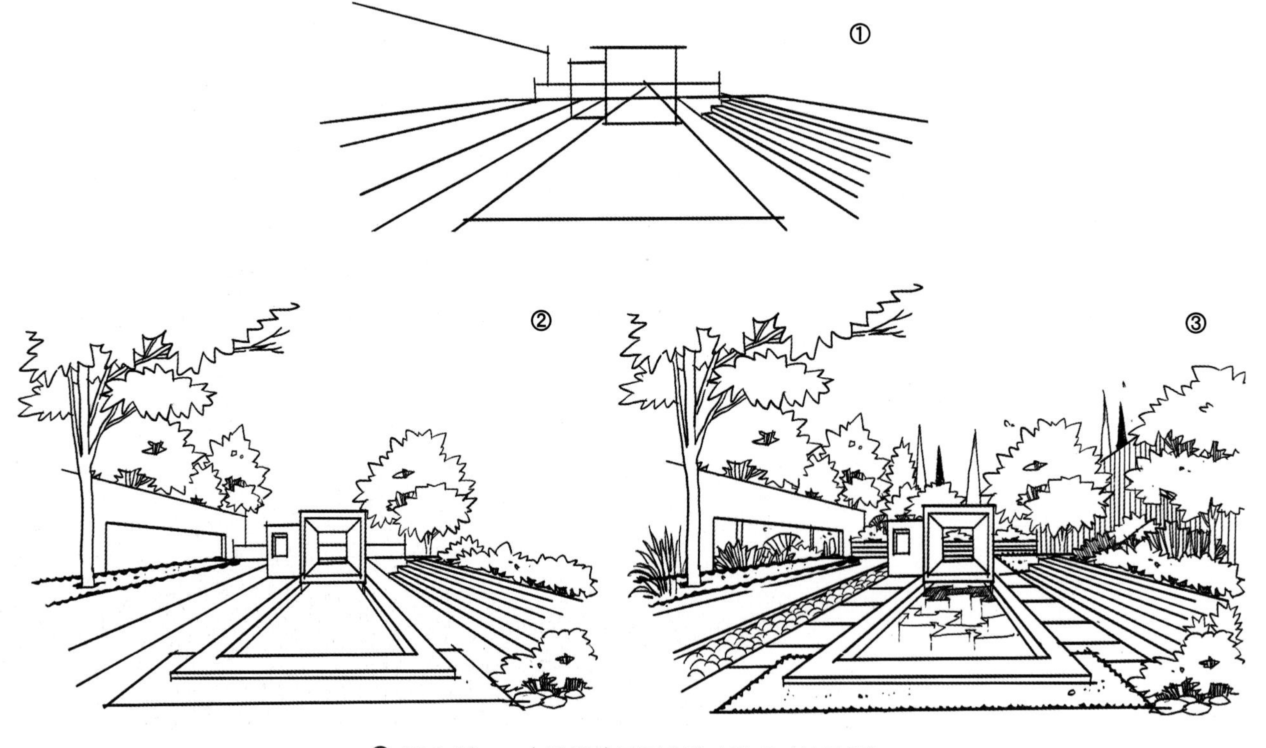

图 4-16　一点透视效果图表达步骤 2（韩继悦）

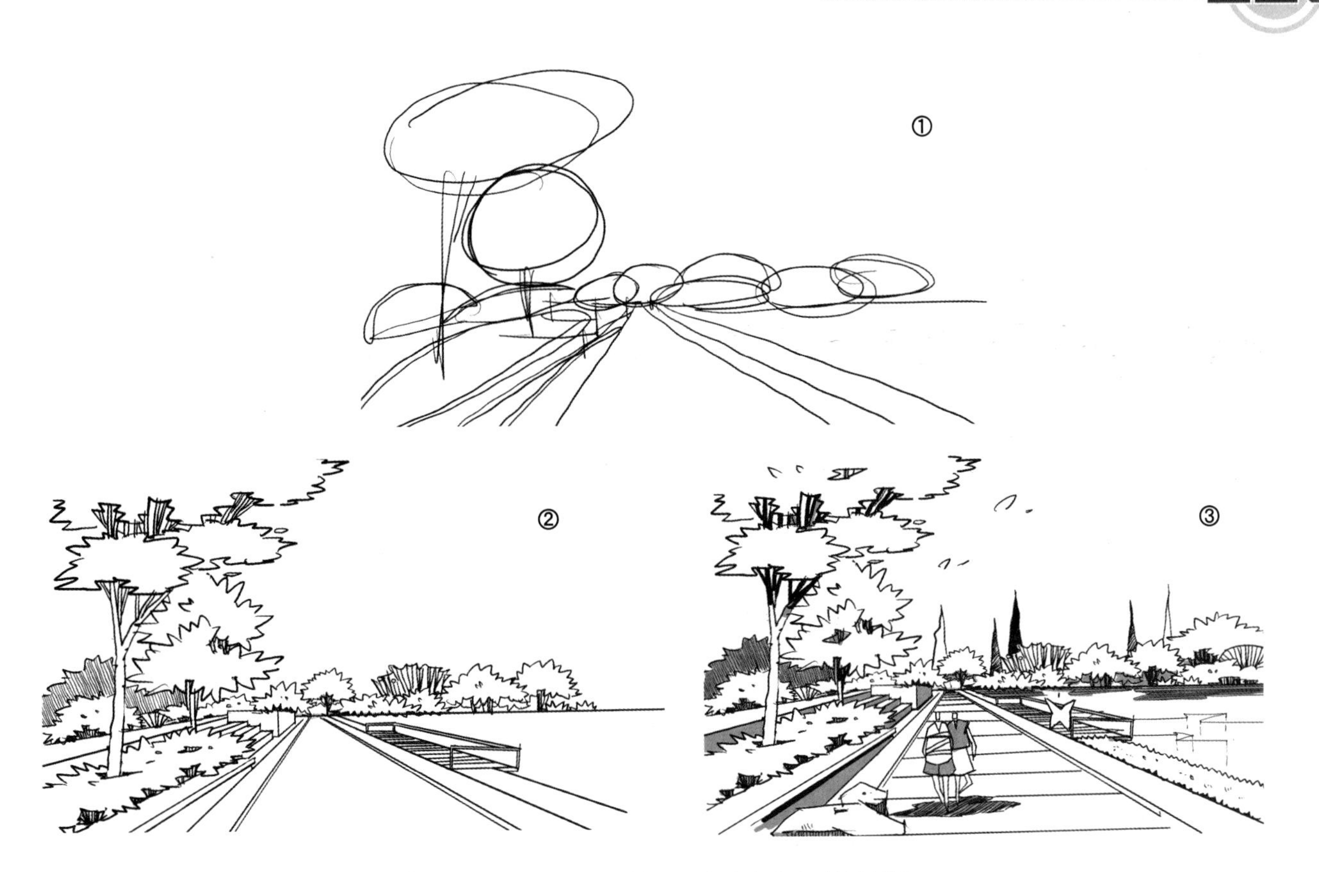

图 4-17 一点透视效果图表达步骤 3（韩继悦）

在运用一点透视画较复杂的场景时，先确定地平线和主要的透视线，搭建好整个画面的结构和框架，然后再不断地添加和丰富图面内容。不能一开始就聚焦于一些细节如构筑物的表达，而忽略了整体效果（图 4-18 和图 4-19）。

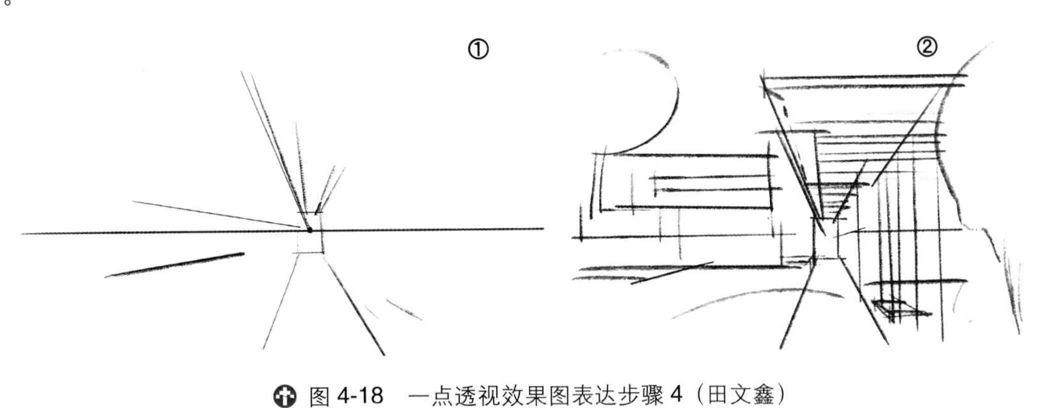

图 4-18 一点透视效果图表达步骤 4（田文鑫）

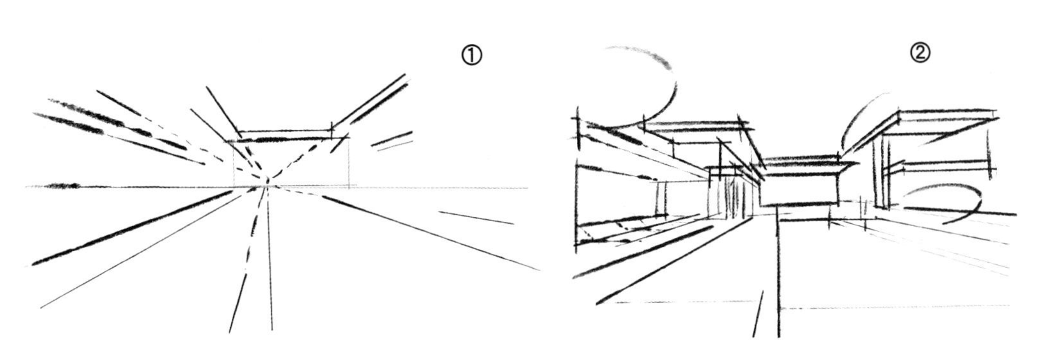

图 4-19 一点透视效果图表达步骤 5（田文鑫）

此外，尤其还要注意建筑、植物和人等各个要素之间的前后遮挡关系，在画草图时就要明确，否则一旦正式上墨线或颜色后就无法轻易修改，最终对空间整体的表现效果带来负面影响。

在确保结构和比例表达准确的基础上，可以继续对植物、构筑物等景观元素进行刻画，使图面看起来更加丰富。

4.2 两点透视

4.2.1 两点透视的定义

当理解了一点透视后，对两点透视的学习也就变得较为容易。两点透视又叫成角透视，其定义为：当物体垂直水平线并且平行于画面时，水平线倾斜聚焦于两个消失点形成的透视（图 4-20）。

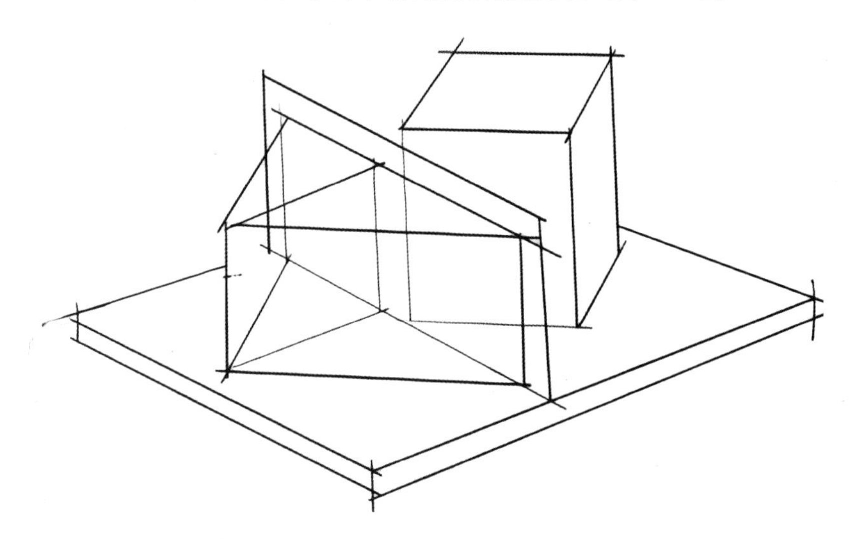

图 4-20　两点透视形成原理（田文鑫）

两点透视与一点透视既有相同之处，也有着许多不同。两者都遵循近大远小、近实远虚、近高远低的透视原理。然而，两点透视的应用场景却与一点透视有所不同，如前文所介绍的，一点透视主要用于纵深感较强的空间表达，而两点透视则可用于表现更加丰富、复杂的场景，如城市中的高楼大厦、乡村小屋等。从表现效果上来说，两点透视相较于一点透视更加生动、活泼，由于绘制了建筑物的正侧两面，因此可以更好地表现真实的空间氛围，如果再适当加上强烈的明暗对比，可以使得整个画面更富有表现力。

虽然两点透视相对于一点透视来说更丰富细腻，使用频率也更高，但它的表现难度相较于一点透视也有了一定的提升，许多人初次接触两点透视时往往无法正确地把握角度，导致图面产生了变形，使手绘的表现效果受到了很大影响。因此本节将着重介绍两点透视的练习方法，先以最常见的几何形体为切入点，帮助初学者更好地掌握其基本原理，从而对两点透视有更加深入和直观的了解，然后再逐步过渡到景观小品和小场景的练习。随着空间结构和景观元素的复杂性逐渐提升，对手绘者的要求也越来越高，因此需要进一步夯实和巩固基础(图 4-21)。

4.2.2 两点透视的绘制要点

在画两点透视的时候，同样要先确定水平线在整张纸上所处的位置，然后将要表达的主体内容合理地进行放置，使其既满足比例和尺寸要求，又符合透视的关系。

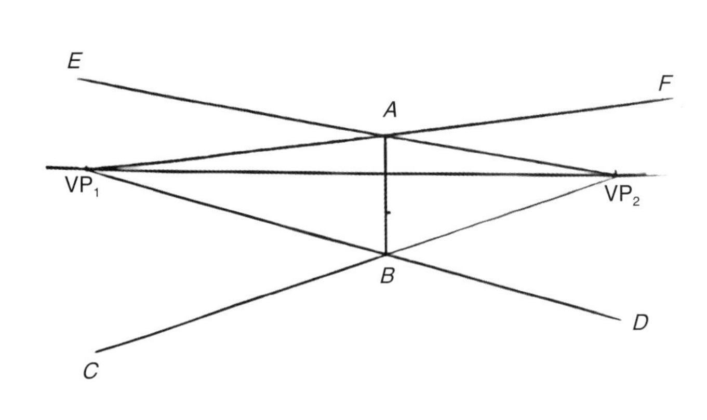

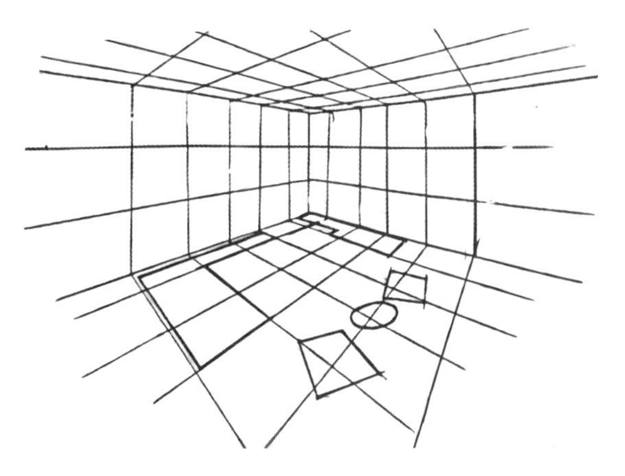

图 4-21　两点透视示意图（田文鑫）

最后对图面的虚实关系进行处理，近景和远景要进行大小上的区分，让作品看起来更能反映真实的空间场景，并且进一步添加明暗关系、阴影对比等细节（图 4-22）。

通过立方体直观图可以更加直观地看到两点透视关系的形成原理。首先在平面上画一条水平线；其次在线上确定两个灭点的位置；再次确定各个直线段的长度；最后将各点相连并完成两点透视立方体的绘制。手绘者在掌握了最基础的立方体画法后，可以尝试练习一些更加复杂的几何体画法，从而更加透彻地理解两点透视原理（图 4-23）。

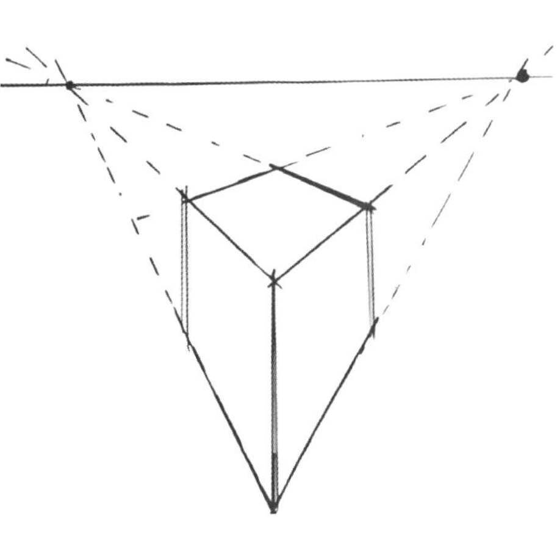

图 4-22　立方体直观图（田文鑫）

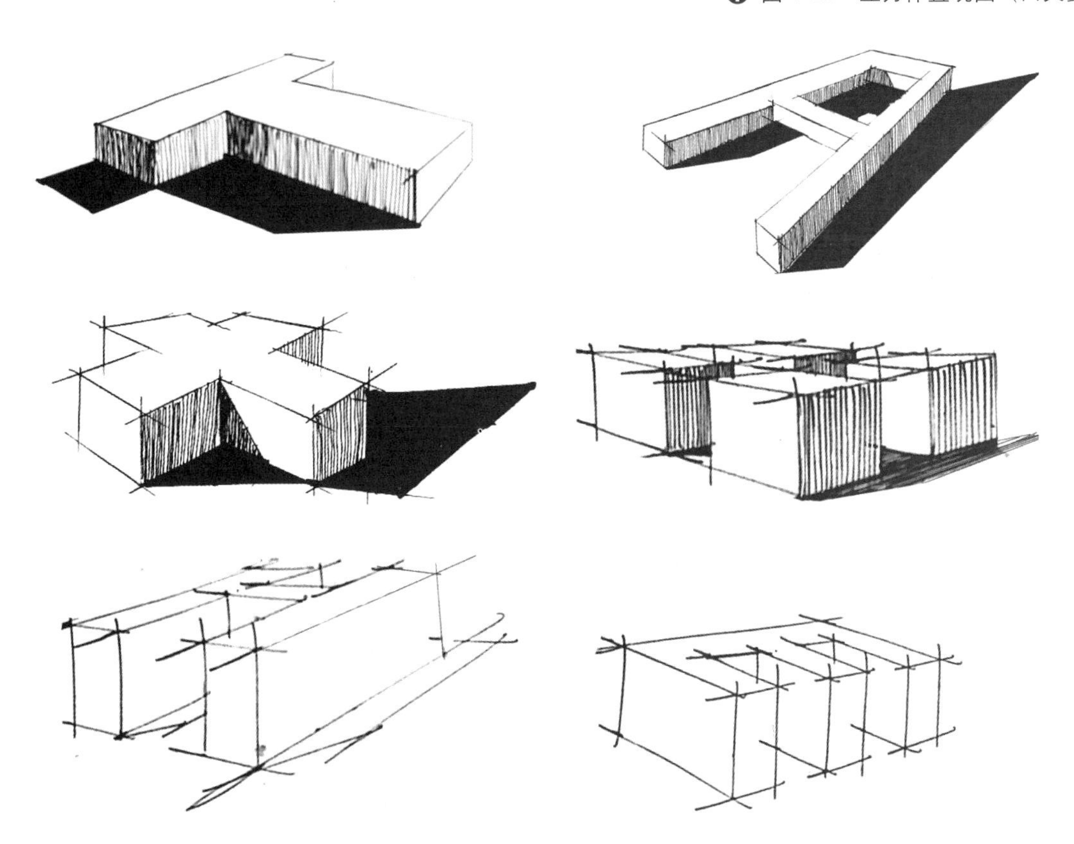

图 4-23　两点透视训练（田文鑫）

4.2.3 两点透视的具体应用

在掌握了几何单体的画法后，便可使用两点透视原理绘制花池、廊架等景观小品以及一些简单的小场景。在画的过程中尤其要注意建筑、人和植物的相互关系，表现出富有层次的景观空间（图 4-24 ~ 图 4-26）。此外，对植物配置的表达也不能忽视。在手绘中应表现出乔灌木三层植物空间关系，否则不仅使得整个空间单调乏味，同时也无法满足生态性和美观性的要求。

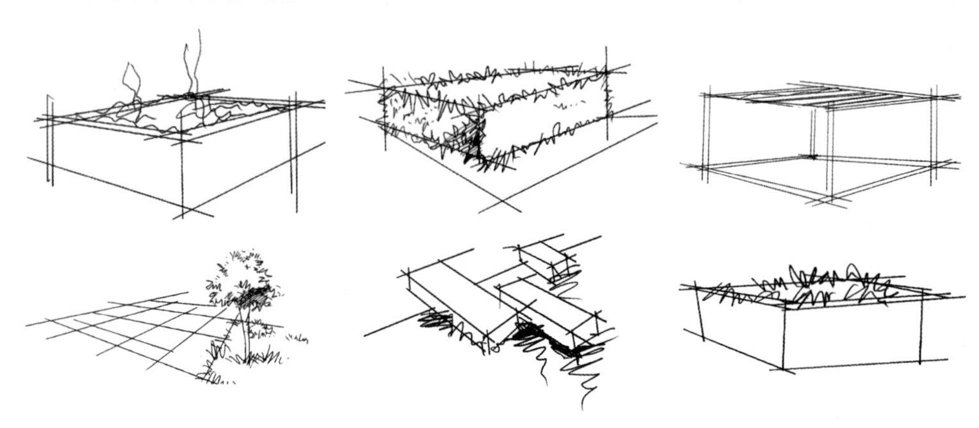

图 4-24 两点透视在景观小品中的运用 1（田文鑫）

图 4-25 两点透视在景观小品中的运用 2（韩继悦）

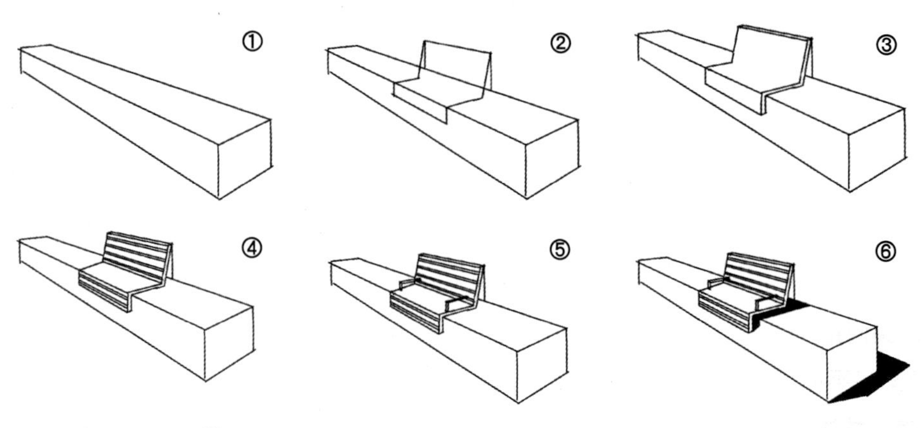

图 4-26 两点透视景观小品表达步骤（韩继悦）

第5章 景观设计手绘表达图纸分类

景观设计手绘在方案表达上具有非常大的灵活性，手绘者可以采用各种各样的图纸表现形式来充分表现自己的设计意图。本章将对在景观设计的手绘表达中最常用的图纸类型进行介绍，帮助手绘者在脑海中建立相关的表现思路及框架，并且初步了解每种图纸的作用、绘制步骤以及注意事项，从而更好地开展相应的针对性练习。

常见的景观设计手绘表达图纸包括分析图、总平面图、节点效果图、剖立面图、鸟瞰图等。其中分析图又包含了交通分析图、功能分区图、节点分析图、设计构思图等，其主要侧重于表达方案的总体逻辑和生成过程。方案的总平面图则可以完整地展示整体的空间比例关系和节点位置。当阅图者看过方案的平面图后，其可能进而会对这个方案的诸多细节产生疑问。例如虽然某一个方案的高差处理颇具特色，采用台阶、坡道、跌水、挡墙等多种景观元素巧妙地处理了场地内现存的高差，然而在平面图上阅图者却很难清晰直观地看到这一点，这时候，设计人员便可借助剖面图展示场地内的地形变化。

设计方案内部的节点都有主次之分，在一个方案中通常有某一部分是被重点设计的，这也就是整个方案的核心和精华。针对这部分区域的表现，除了二维的平面图外，还可借助三维的透视效果图对其进行更为直观细致的表达。此外，设计场地周边的高地或高楼可以成为观察场地的良好观景点。随着无人机的普及，越来越多的人还希望能够从空中的视角来观察场地，而鸟瞰图便可以较好地表达这一视角。

总而言之，所有的景观设计手绘表达图纸都是为了整体设计方案的表达服务的。在所有的图纸中，平面图的地位最为突出，也最为重要，其他图纸的绘制都应紧紧围绕平面图展开。手绘者在绘制立面图和节点透视效果图时也要注意表现出方案的独有特色，切忌选择本方案的非特色节点或视角，使得设计方案的表达重点出现偏差。接下来就将对一些常见的表达图纸进行介绍。

5.1 平 面 图

5.1.1 平面图的作用

作为整体方案信息表达最核心的图纸，平面图在整个方案当中的重要性不言而喻。通过平面图可以清晰地看到整个方案的路网结构、空间大小关系、主次节点位置、植物整体配置和水体的布局等。

然而，想要画好平面图绝非一蹴而就，这除了要求手绘者有扎实的手绘功底和有严谨的设计逻辑外，还需要同时训练手绘表达技法及相关的设计方案能力。作为手绘初学者，可先通过大量练习方案草图来训练自己的整体空间结构设计能力（图 5-1）。

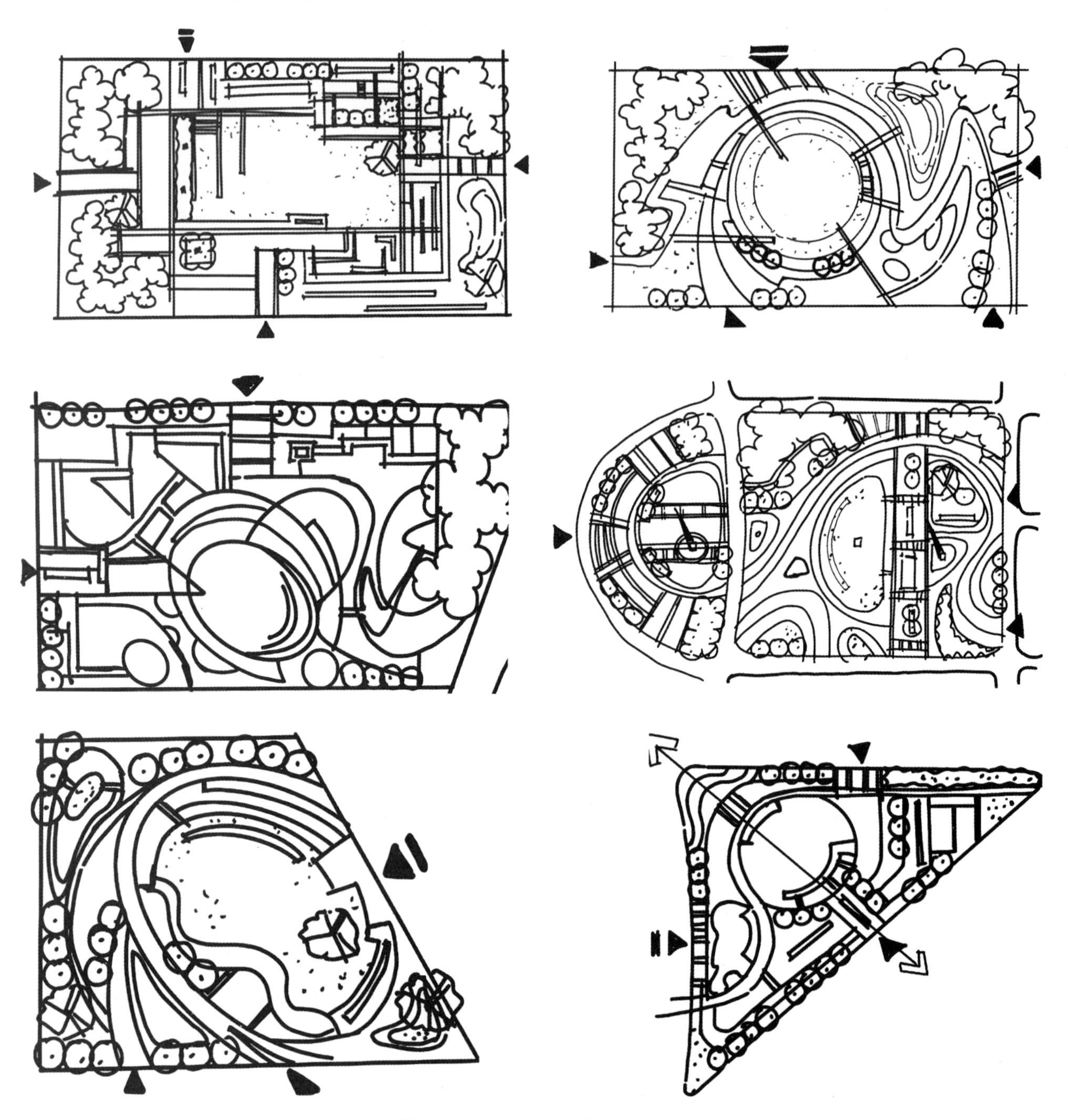

图 5-1　方案草图（李文龙）

5.1.2　平面图的绘制要点

在画平面图时应着眼大局，不能一开始就过分专注于某一个局部细节。一般来说，在分析设计场地的基本情况后，可用简单的圆圈来表示大致的功能分区和节点位置；之后用线条串联起大大小小的圆圈，以此来表现出方案是如何组织场地内部空间的；最后再添加上植物纹理、铺装材质、节点造型等细节，并对路网的形式进行优化完善，使得图面得到进一步的丰富（图 5-2）。

道路串联着不同的节点与功能区域，并且为行人提供了相应的通行空间，可以说，道路在整幅平面图中起到骨架作用。适合的道路规划与设计不仅要方便通行集散，有主有次，同时也要符合一定的空间构图美感。

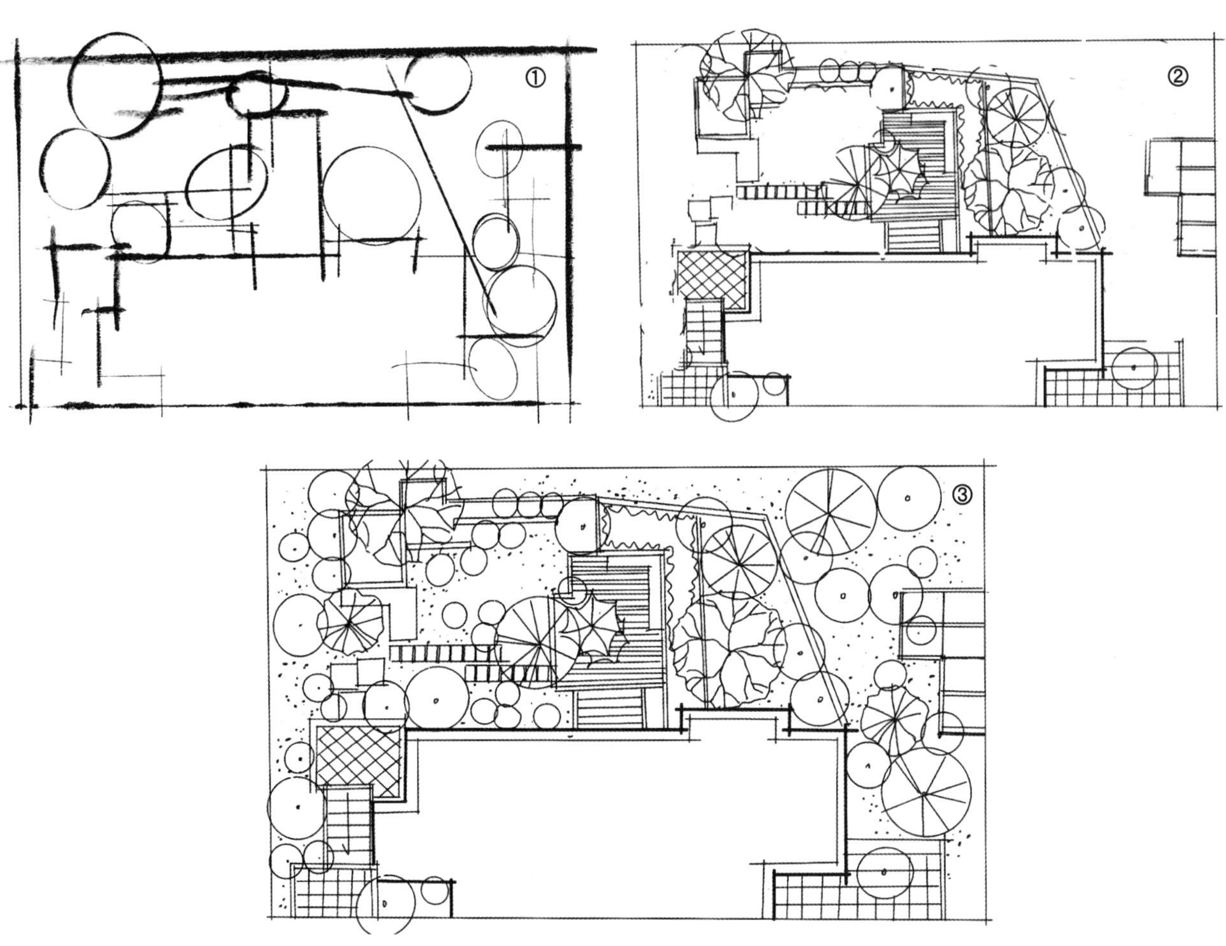

图 5-2　平面图手绘表现步骤 1（田文鑫）

出入口则决定了行人进入场地的方向，同时暗示着场地与周边环境之间的关系。出入口的位置直接影响交通路网的规划以及功能区域的分布格局。

在完成了平面图的线稿绘制后，还可对其进行简单的上色，以此来进一步提升平面图的表现效果（图 5-3）。在上色时首先要注意整体基调的把控，例如冷色调、暖色调等。另外，对较为重要的节点可选用较为特殊的颜色进行表达，这样便可与其他地方进行区分。此外，对阴影的表达也尤为重要，阴影关系会直接表示不同节点之间的高差关系以及节点本身的高度，是一种常见的空间关系体现手法。

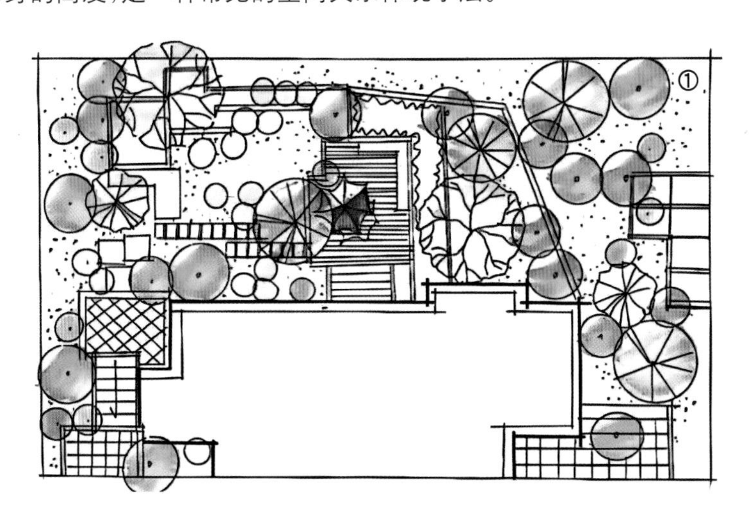

图 5-3　平面图手绘表现步骤 2（田文鑫）

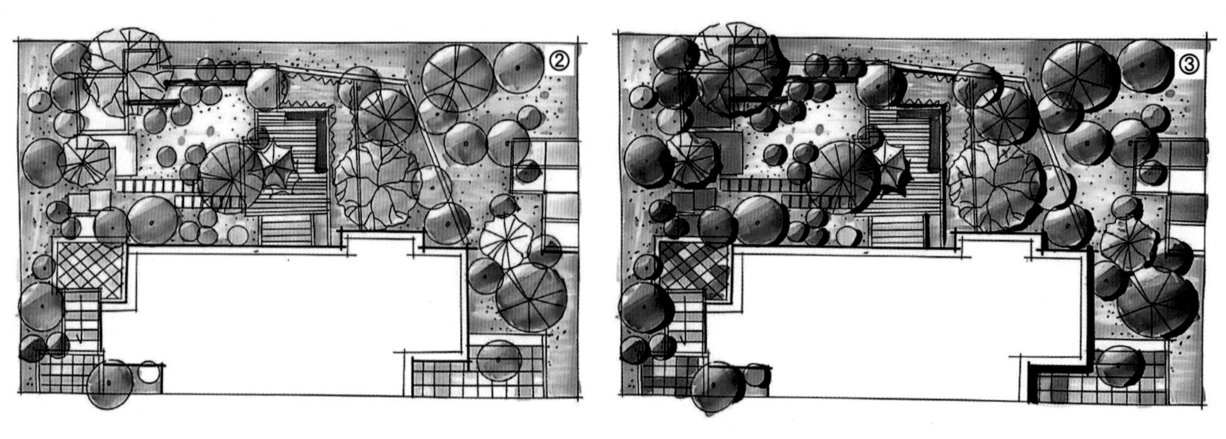

图 5-3（续）

图 5-3 所示的构图大部分直线都属于与手绘纸张边线呈 90° 或 180° 夹角的关系，而部分构图会较多地应用与手绘纸张边线呈倾斜 45° 夹角的方案形式。相比于前者，倾斜 45° 的夹角直线可能会影响到整体手绘排线的方向整齐程度，需要仔细寻找线条之间的关系，以免画偏画歪（图 5-4）。

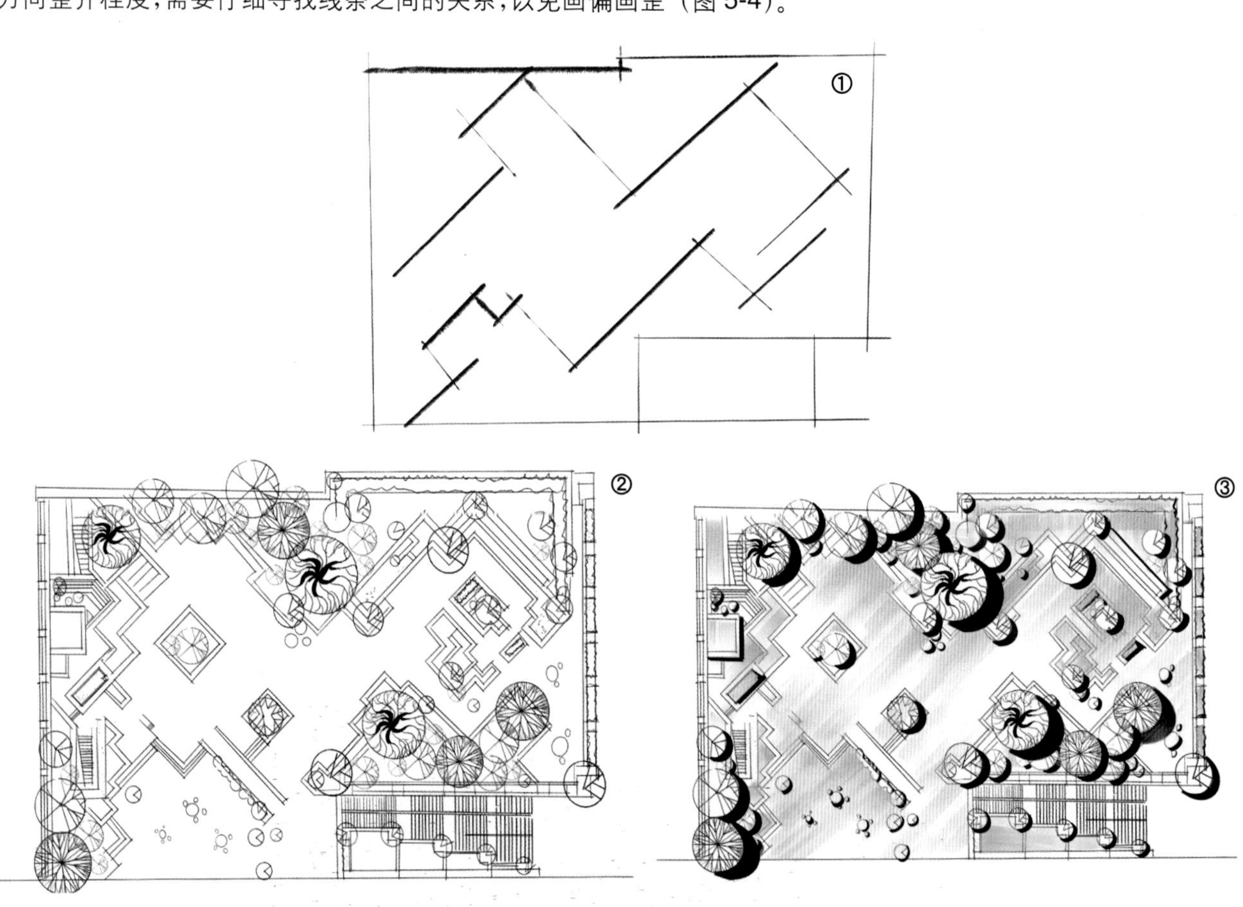

图 5-4　平面图手绘表现步骤 3（田文鑫）

折线的构图形式可以带给行人更富有趣味性的步行体验，因此也得到了不少景观设计师的青睐（图 5-5）。尤其是在滨水公园等强调趣味性、步行性的空间设计中，常常会采用折线构图。此外折线还常被用于处理山地空间等高差较大的场地，通过设置“之”或 Z 字形坡道，可以有效地缓解高差带来的交通障碍，同时来回的折线带来的缓坡可满足场地对部分无障碍设施的要求。

图 5-5　平面图手绘表现步骤 4（田文鑫）

手绘者在经过不断地练习和训练后，应逐渐形成适合自身的绘制平面图的习惯，包括完整的流程和先后顺序、构图形式、常用色号的选择等（图 5-6），这样在之后进行平面方案的表达时才能做到胸有成竹，游刃有余。

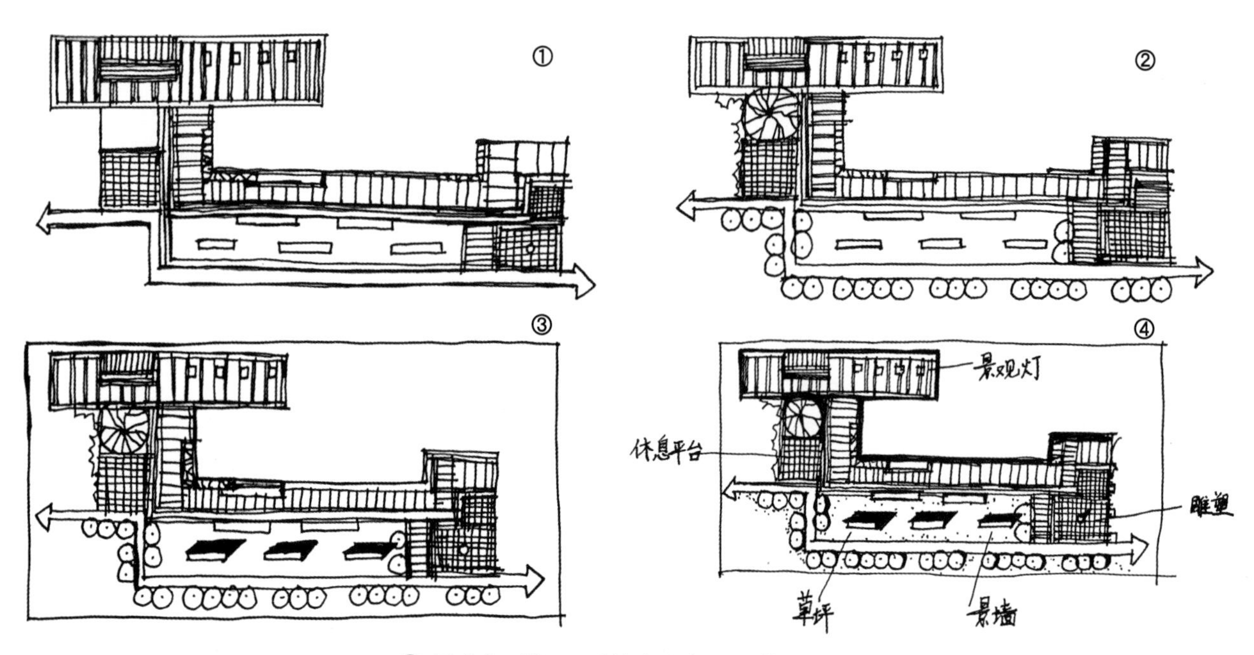

图 5-6　平面图手绘表现步骤 5（韩继悦）

接下来将展示一些优秀的景观手绘平面图作品，涵盖了街头游园、社区公园、滨水绿地以及综合公园等不同尺度，供手绘练习者和设计人员参考、学习（图 5-7 ~ 图 5-10）。

图 5-7　街头游园平面图（田文鑫）

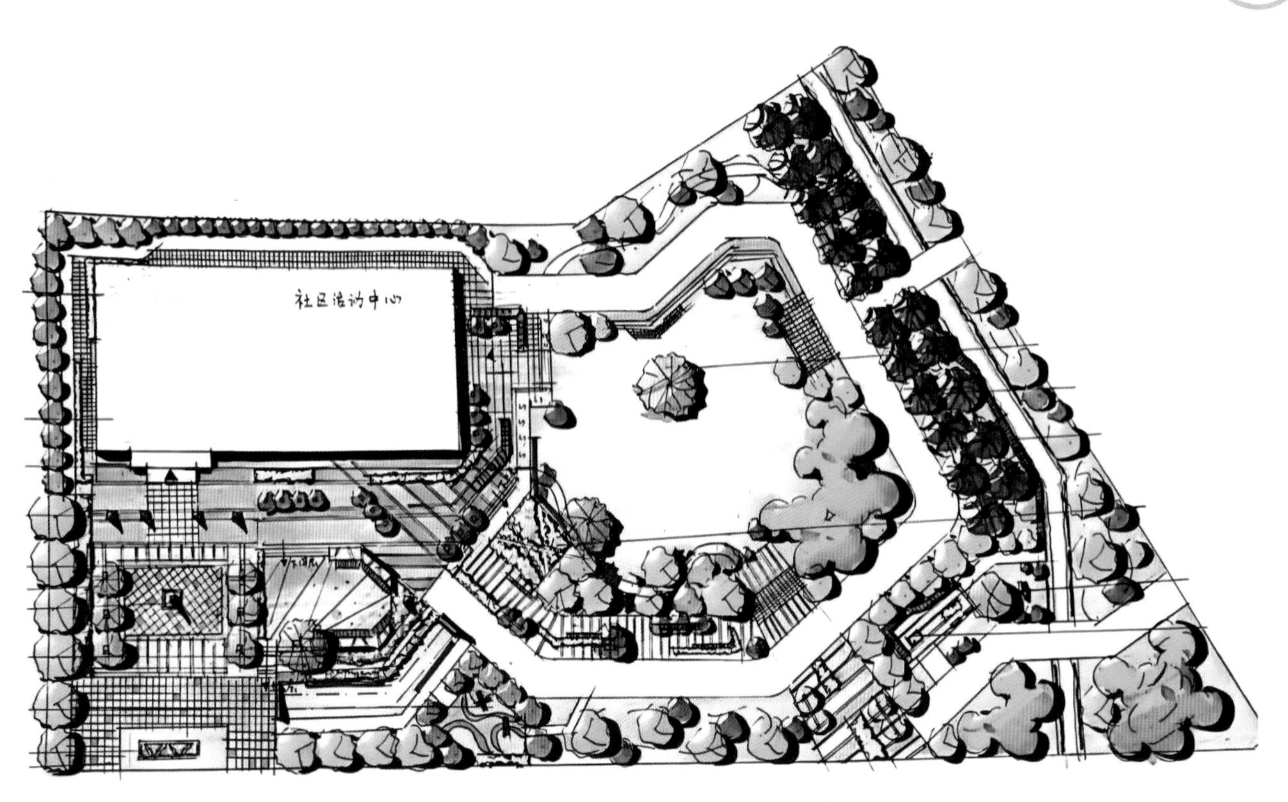

图 5-8　社区公园平面图（田文鑫）

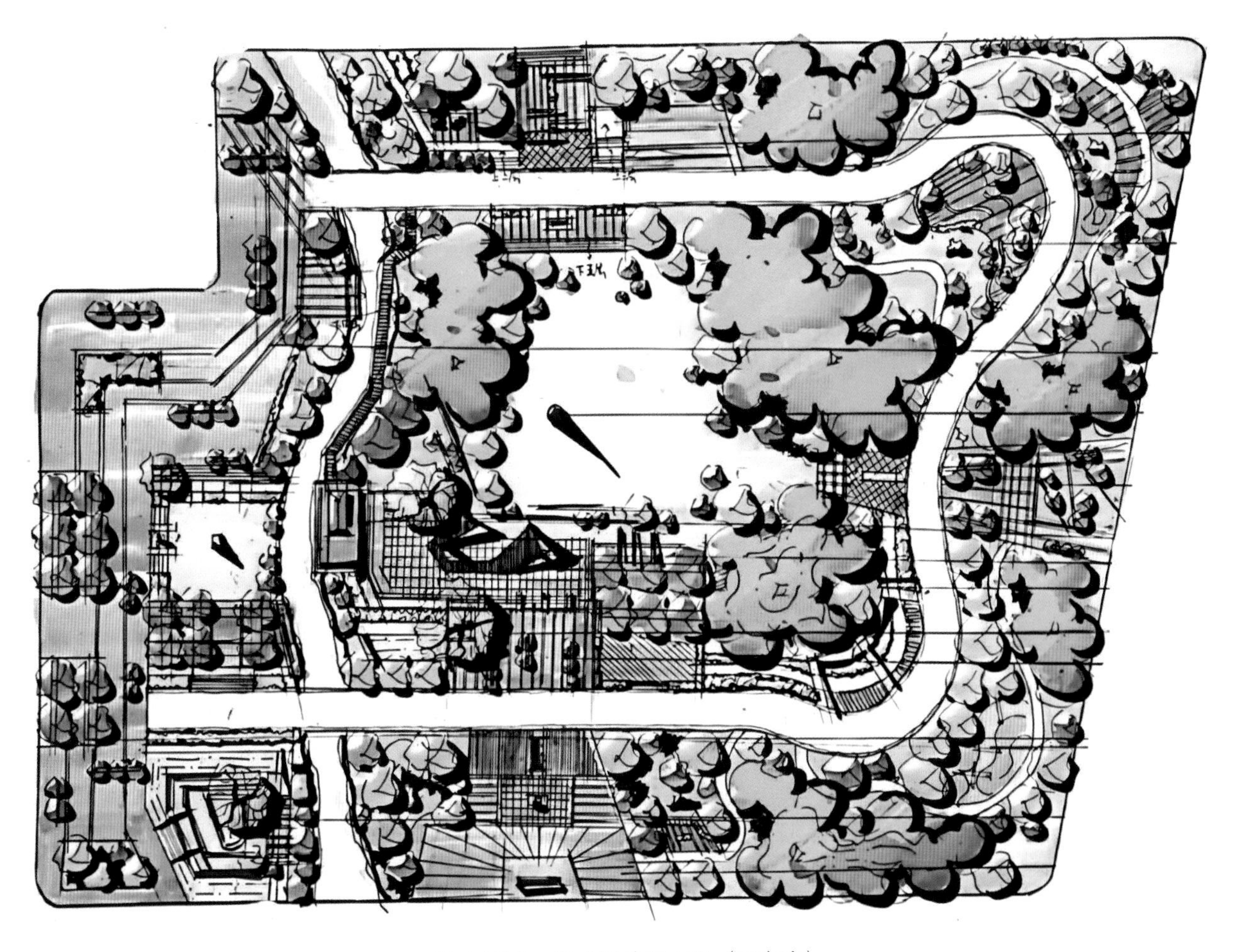

图 5-9　滨水绿地平面图（田文鑫）

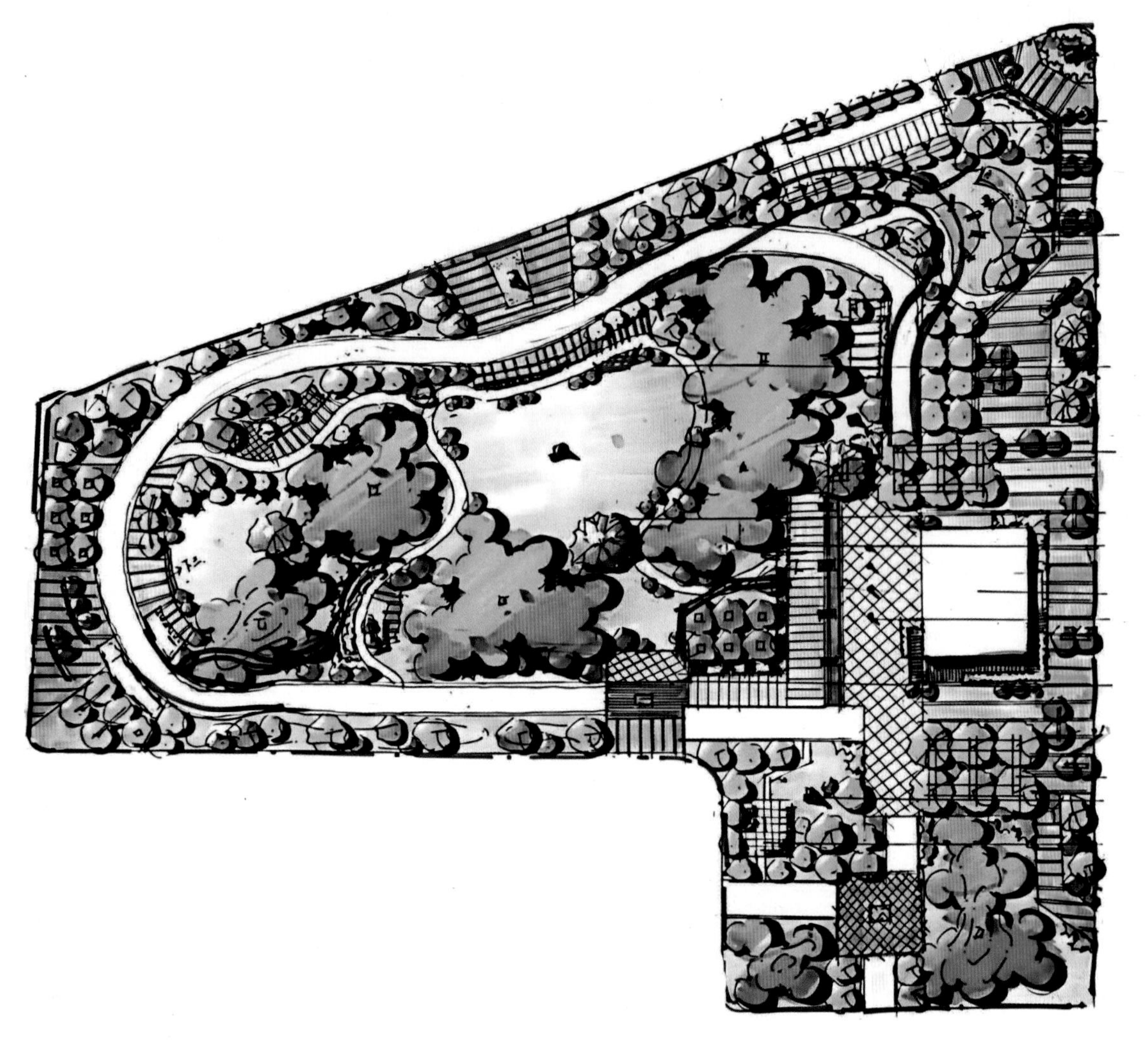

图 5-10　综合公园平面图（田文鑫）

5.2 剖立面图

5.2.1　剖立面图的作用

在景观设计手绘中，剖立面图主要表现的是地形的起伏变化、乔木的林冠线以及建筑的天际线设计、构筑物的高度、造型等。竖向设计一直以来都是评价一个方案好坏的重要因素之一，如果设计方案缺乏完整的竖向变化和高差设计，它对场地的处理手法就会显得较为单一，部分场地问题也不会得到完全解决。由此可以看出，剖立面图是一个景观设计方案中重要的组成部分。本节将对景观剖立面图的表达要点进行梳理，并展示部分优秀的手绘案例。

5.2.2　剖立面图的绘制要点

在对剖立面图进行手绘表现时，可重点关注以下几点。

（1）制图规范。在手绘景观剖立面图时，可在正下方标注图名和比例，并对植物和构筑物等元素的高度进行标识。

（2）剖立面图与总平面图的关系（图 5-11）。剖立面图与总平面图之间需保持一一对应，明确要表达的景观焦点并对其进行详细刻画，对其他配景的表现则可稍简练一些。

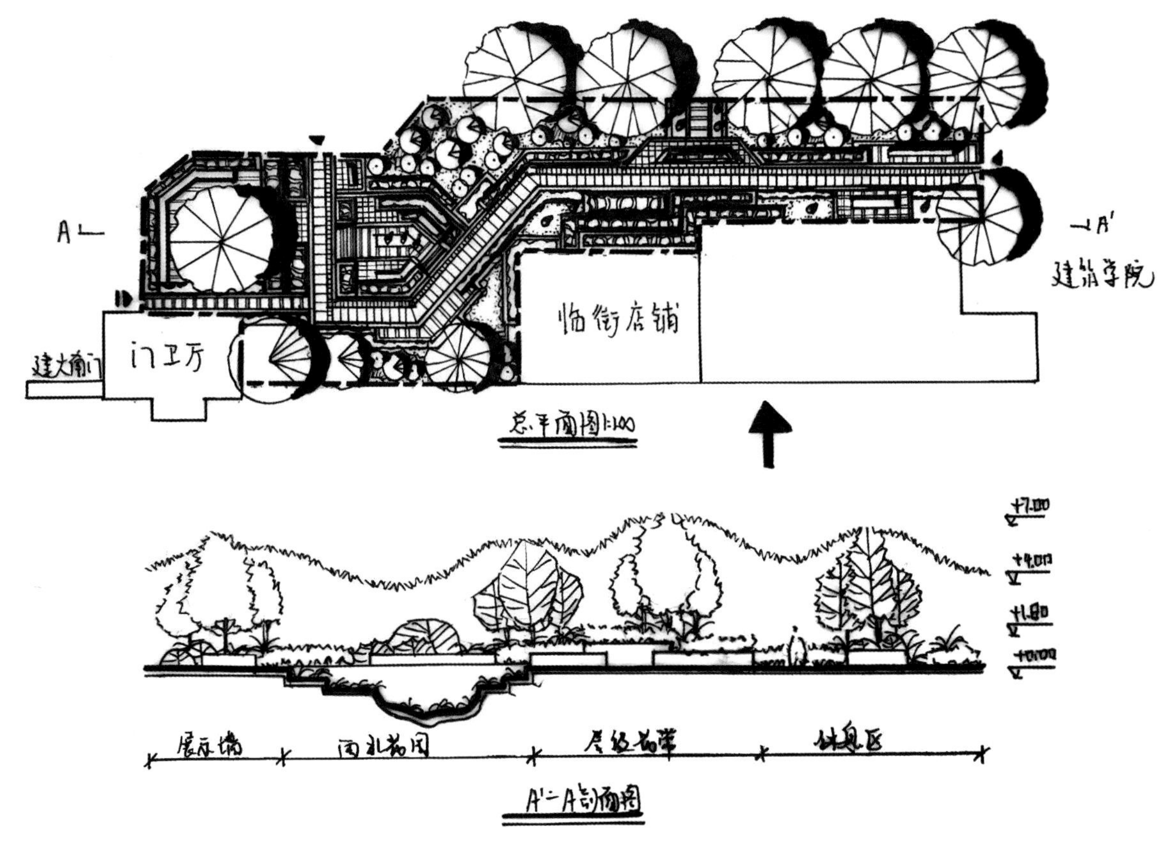

图 5-11　剖立面图与总平面图的对应关系（田文鑫）

（3）尺度关系。手绘者在画剖立面图时要把握好尺度和比例的大小，以免影响最终的图面效果。手绘者平时应多注意积累和总结，对常见的植物、构筑物等造景要素的尺寸做到熟记于心。

（4）地形表现。在地形较为复杂的情况下，画剖立面图时还应画出地形的轮廓线，一般用较粗的实线来表达，以便与其他线条进行区分（图 5-12）。

图 5-12　剖立面图示例（田文鑫）

(5) 植物层次感的营造。对植物组团的表达要关注空间层次、前后遮挡的关系以及林冠线的变化。一般可先用草图的形式表示出大致的空间关系,确定主景树、灌木丛、背景树以及构筑物等所在的位置,再用墨线笔细化(图 5-13)。

图 5-13　剖立面图手绘表现步骤(田文鑫)

5.3 鸟瞰图

5.3.1 鸟瞰图的作用

鸟瞰图顾名思义,即从空中俯视某一地区或场地所看到的景象。鸟瞰图同平面图一样,侧重于表现一个区域的整体景观效果,包括路网结构、节点设置、水系格局等。从某种程度上来说,鸟瞰图只是把平面图的部分要素用空中俯视的角度来进行进一步的表现,并且由于角度变化,可以对植物、小品等各类景观元素进行深入刻画。

鸟瞰图展示了整个方案的三维立体效果,因此可以成为平面图中格局关系的有效细节补充,也更能让人们对设计方案有直观的感受(图 5-14)。鸟瞰图在整个设计方案中具有一定的重要性,但表达难度相对较高,主要涉及透视关系和尺度变化等层面。其中,鸟瞰图按尺度可分为局部鸟瞰和整体鸟瞰。

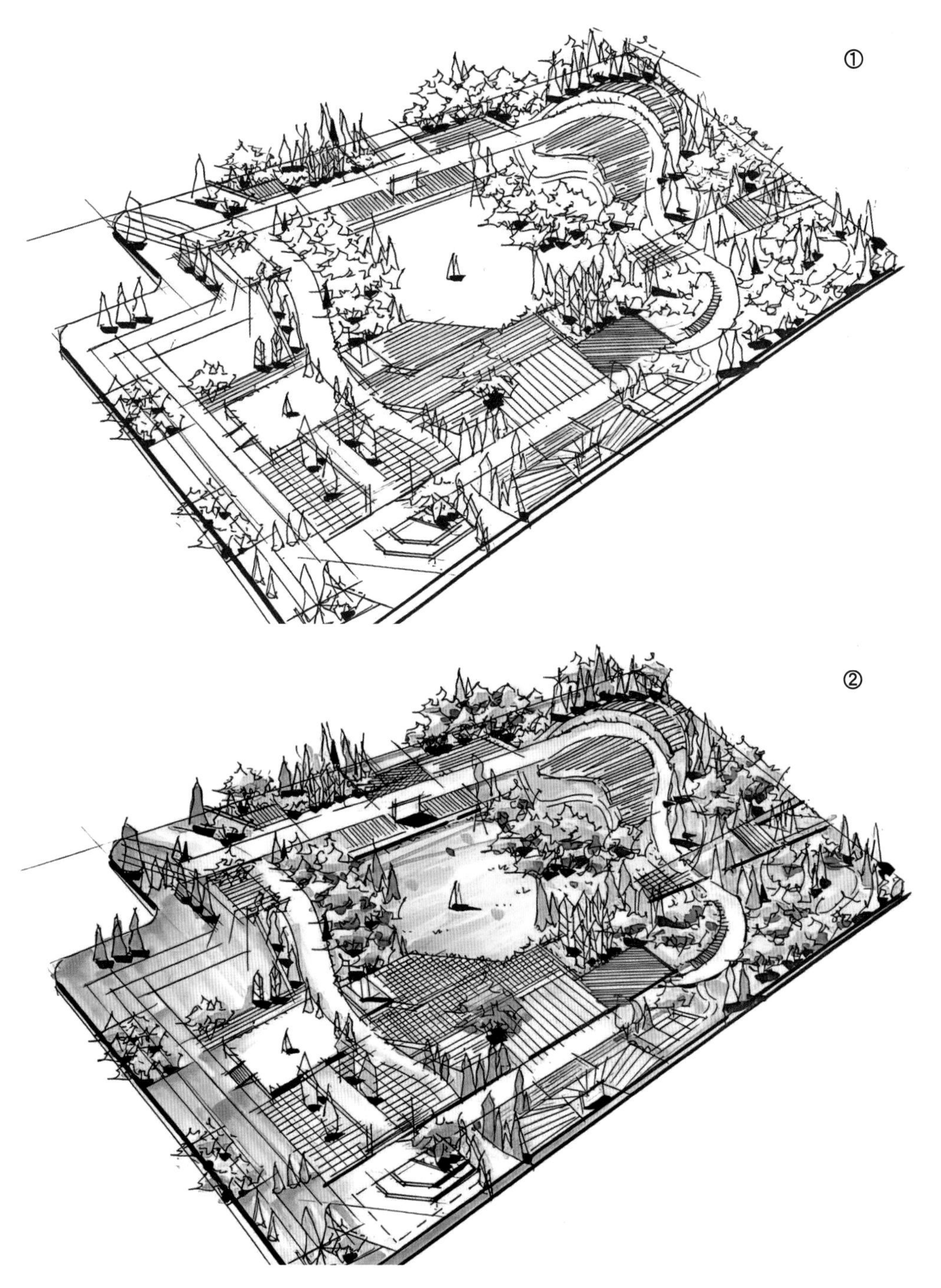

图 5-14　鸟瞰图手绘表现（韩继悦）

5.3.2　鸟瞰图的绘制要点

整体鸟瞰相较于人视效果图，对大部分景观节点的细部刻画要简化了不少，有些只是保留了其外部轮廓。可以说只要保证图面比例、尺度和整体结构的正确，一幅鸟瞰图就已经成功了一大半。因此刚开始画的时候不必对某个节点刻画得过于细致，可简单地用铅笔先打好草稿，保证整体空间关系的准确、合理，之后再对细节进行不断的修改和打磨（图 5-15）。

如乔灌木植物的画法，就不必像效果图中那样对树枝、树叶等细节进行细腻表达，只需重点表现特色植物以及一些保留树木即可。其余常规植物可用尖塔状的方式进行表现，这样可使整体鸟瞰图更具有立体感。

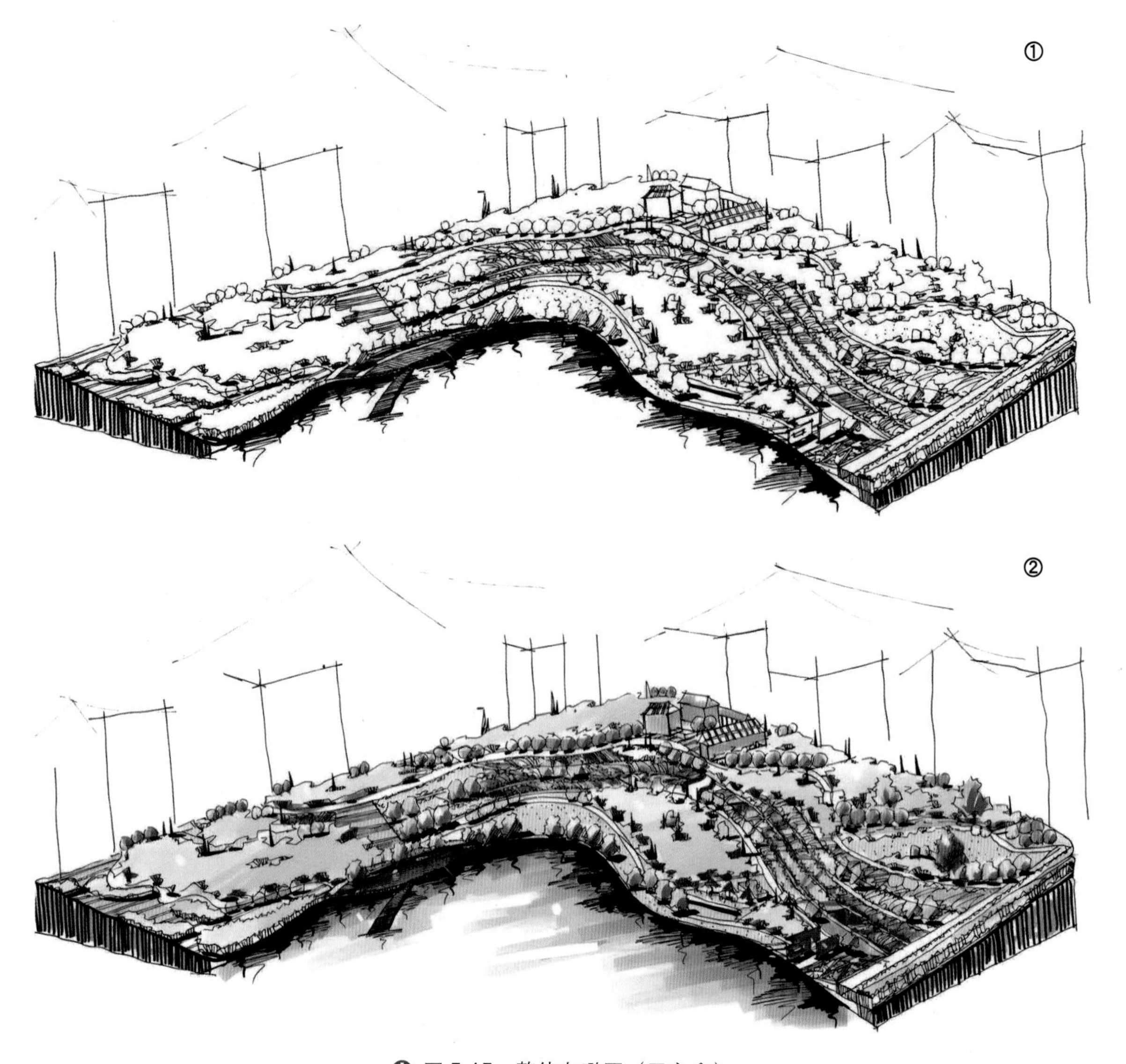

图 5-15　整体鸟瞰图（田文鑫）

整体鸟瞰图的表现除了透视关系外，比例尺度也是十分重要的一点。不少初学者容易犯比例上的错误，如绘制三公顷左右场地的鸟瞰图，倘若将比例画大，会使得整个场地的视觉观感只有几千平方米，使得阅图者无法直观地通过鸟瞰图来判断设计方案的合理性。

步骤一：首先应画出场地的边界线（图 5-16）。无论场地是否是规则形状，第一步都应当是在图中确定场地的边界线所在的位置。接着则是寻找合适的角度。一般建议手绘者所找的角度宜小不宜大，如果角度过大容易失去对场地的控制。角度范围则建议在 35° ～ 40° 最佳，最大角度不宜超过 45° 。

步骤二：之后便可开始对关键节点进行绘制（图 5-17）。许多手绘练习者在面对较为复杂的鸟瞰图时常常会感到迷茫，不知从何入手。此时可选择一些形体特征较为鲜明的节点空间进行初步绘制，并以此为中心逐步表达出四周的景观。还可借助网格定位法确定平面图中的各个节点在鸟瞰图中的大致位置，从而更加快速高效地完成表达。

步骤三：用钢笔或针管笔详细勾勒出植物线条、水纹、建筑结构等细节，完成线稿的绘制（图 5-18）。

步骤四：用钢笔或针管笔详细勾勒出植物线条、水纹、建筑结构等细节，完成线稿的绘制（图 5-19）。在表达过程中要做到主次分明，对主体景观详细表达，配景可适当简化绘制，以免画面过于凌乱。

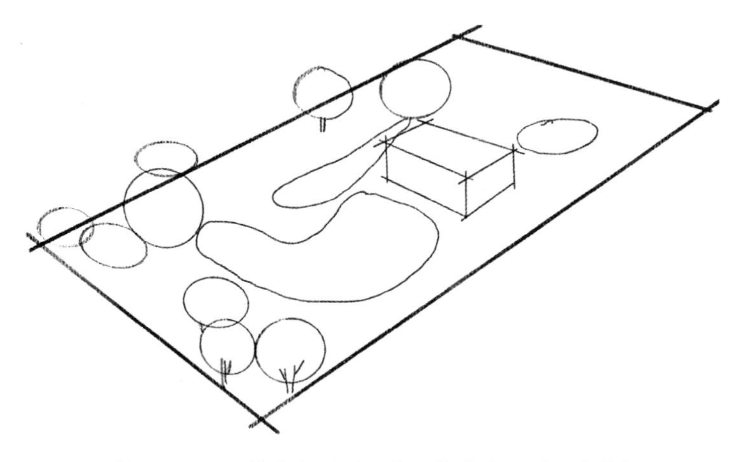

图 5-16　整体鸟瞰手绘表现的步骤一（田文鑫）

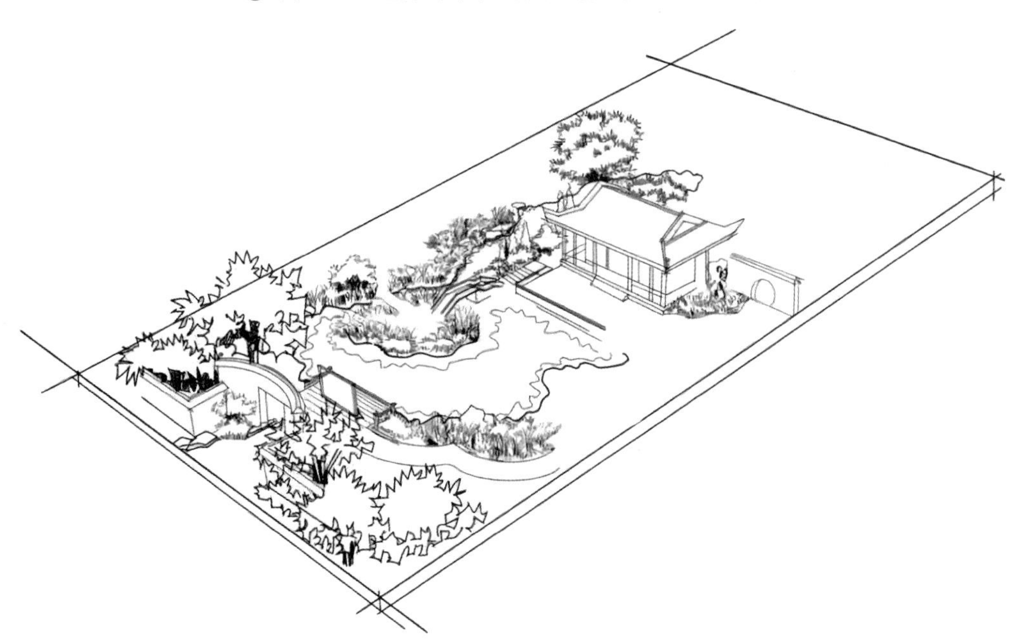

图 5-17　整体鸟瞰手绘表现的步骤二（田文鑫）

图 5-18　整体鸟瞰手绘表现的步骤三（田文鑫）

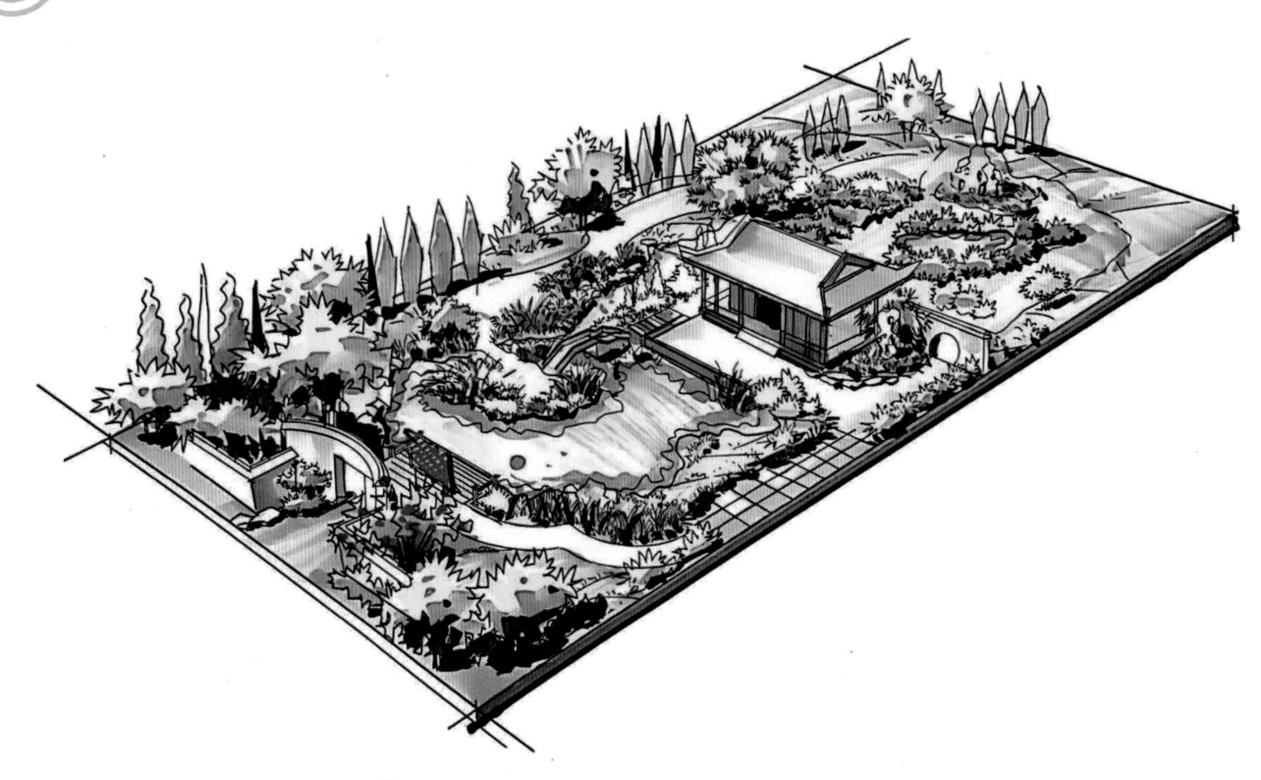

图 5-19　整体鸟瞰手绘表现的步骤四（田文鑫）

局部鸟瞰图与整体鸟瞰图相比，尺度偏小，因此表达的要求精度也有所不同。如对植物的表达上，整体鸟瞰中常用圆圈或尖塔状图形等更为简洁的方式来表现植物。而局部鸟瞰则相对需要对植物进行更加详细的表达（图 5-20）。

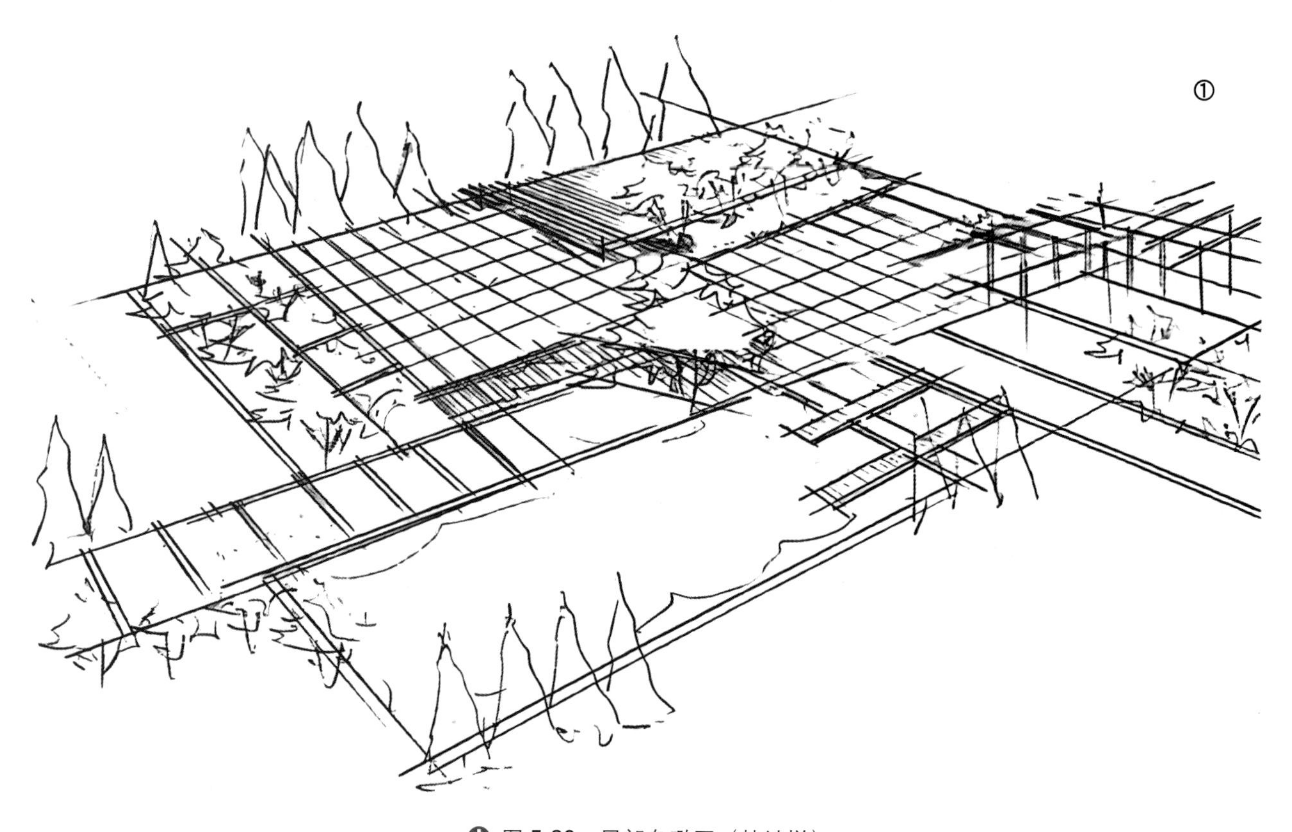

图 5-20　局部鸟瞰图（韩继悦）

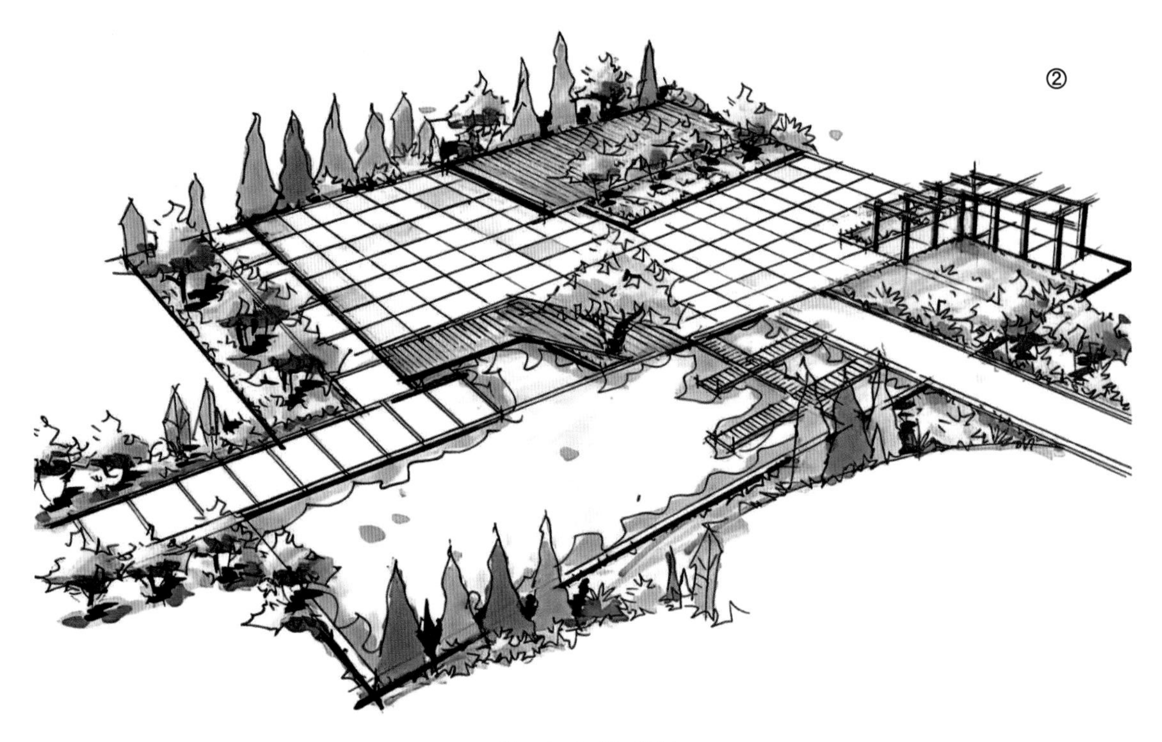

图　5-20（续）

局部鸟瞰对植物的表达技法有多种类型。可选择与透视效果图类似的画法并适当简化树枝、树干等细节，也可选择用简单几何形体来表达外轮廓，并添加局部细节内容。

此外，在树木种类较多的地块，在图面表现中应统筹考虑乔灌草等元素的综合表现，结合大小乔木等进行搭配，以更好地表达整体空间中的高差关系（图 5-21）。

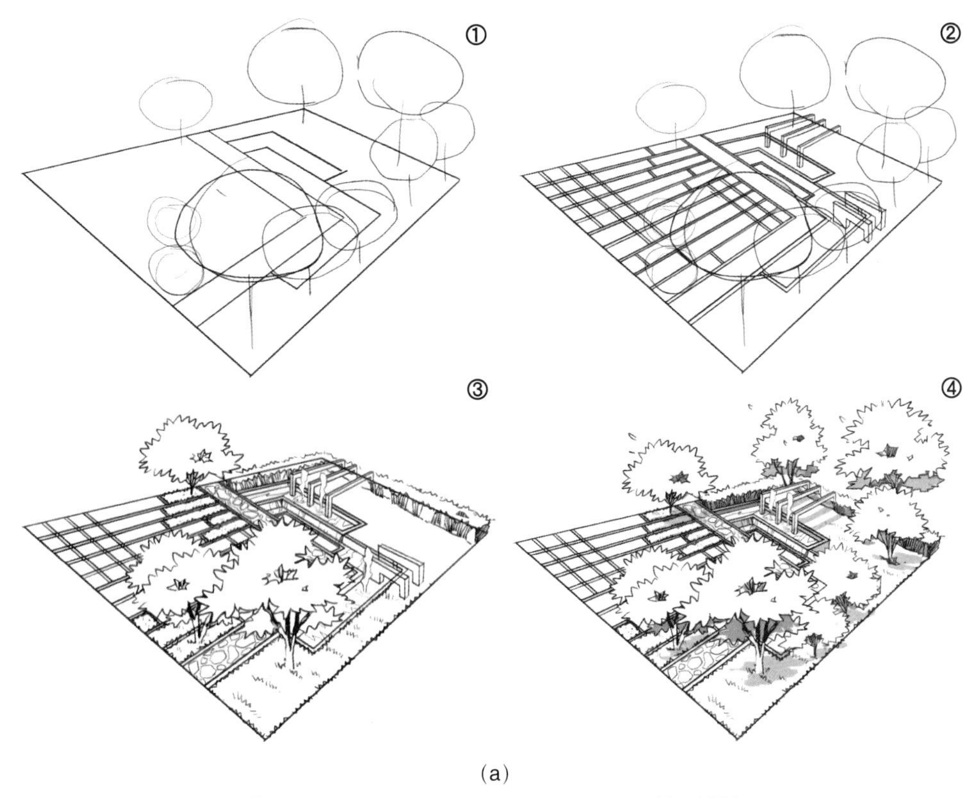

(a)

图 5-21　局部鸟瞰手绘表现的步骤（韩继悦）

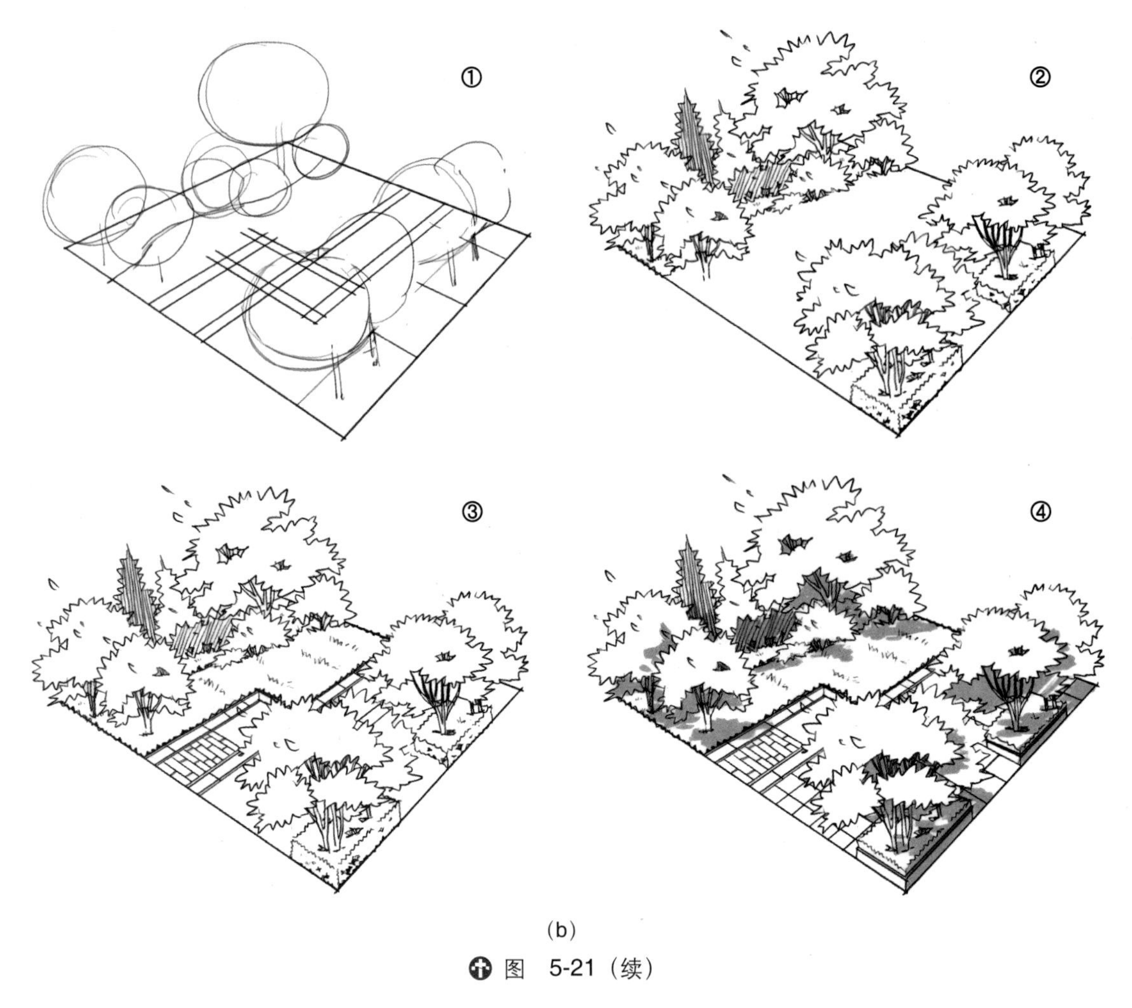

(b)

图 5-21（续）

5.4 节点效果图

5.4.1 节点效果图的作用

“节点”在景观设计中指设计师需要重点体现的场地，一般是指容易吸引人视线交汇或是各类人群驻足休息并开展各类活动等的重点场地（图 5-22 和图 5-23）。在一个景观方案中节点往往位于景观轴线之上，并且作为整个方案的亮点和核心。因此，在手绘表现中常通过遵循透视原理来绘制节点效果图，以便让人们了解方案中的细节部分，从而更好地理解设计意图。

5.4.2 节点效果图的绘制要点

案例 1

在表现该场景时可将其分为三大部分（图 5-24），近景为左侧的行道树、中间的道路和右侧的草本灌木，中景为图面右侧的落叶及常绿乔木，远景为植物后方的建筑。在绘制过程中应重点对左侧行道树和右侧乔木进行表现。而建筑物由于距离较远，只需大致勾画其外形即可。

步骤一：如图 5-25 所示，首先在图面下方约三分之一处画出地平线。之后通过绘制一点透视线来确定大致的空间框架，并在地平线的左侧简单表现建筑物的大致位置和形态。要确保线条的干净、整齐。

图 5-22　节点效果图线稿表现 1（韩继悦）

图 5-23　节点效果图线稿表现 2（韩继悦）

图 5-24　场景实景图（李文龙）

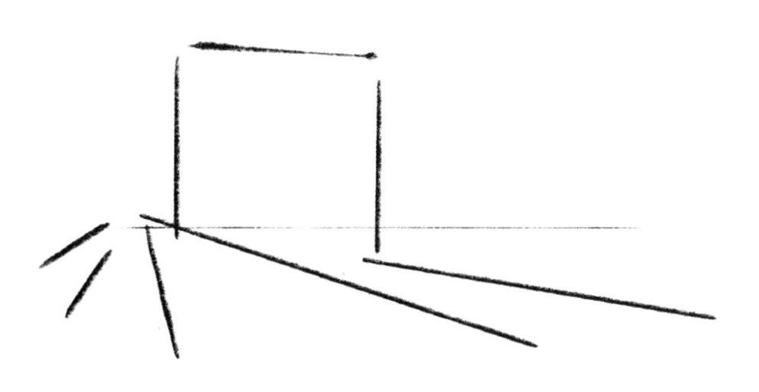

图 5-25　节点效果图手绘表现的步骤一（田文鑫）

步骤二：如图 5-26 所示，对画面中的主景和次景进行区分，并首先完成主景的绘制。在确定近景行道树和中景的乔木在图面中的位置时，可用圆形或椭圆图形进行标识，方便之后进一步细化。同时对建筑物的屋顶造型进行勾勒。

步骤三：如图 5-27 所示，对建筑物的屋檐、门头等元素进行更加细致的刻画，同时对行道树的枝干形态进行表现。手绘线条应保持简洁流畅，从而展现出树木优美的生长姿态。接着在图面右侧对假山置石进行表现，起到丰富图面的效果。假山置石的高低起伏要自然分明，石头之间的大小、姿态和形状也要多样化。

图 5-26　节点效果图手绘表现的步骤二（田文鑫）

图 5-27　节点效果图手绘表现的步骤三（田文鑫）

步骤四：如图 5-28 所示，刻画出建筑的门、窗以及纹理装饰等内容。在绘制屋顶时，可用交叉排列的横线和斜线表示瓦片的材质。此外，可在画面右侧的乔木周边补充绘制一些小灌木和地被花卉，丰富植物群落和层次。

步骤五：如图 5-29 所示，使用马克笔完成图面的上色，并适当添加细节。可按照由近到远、从右到左的顺序，依次对小灌木、主景乔木、行道树和建筑物进行上色。在对植物进行上色时，适当运用亮色对彩叶植物进行表现。可先使用淡红色对树冠区域进行涂抹，之后再用洋红色对其阴影区域进行叠加。同时在铺装上也可表现出乔木的阴影。最后可根据光源所在位置使用高光笔对局部区域进行提亮。在对建筑的屋顶上色时，可使用扫笔的手法从右向左扫笔，对受光面进行适当留白。

图 5-28　节点效果图手绘表现的步骤四（田文鑫）

图 5-29　节点效果图手绘表现的步骤五（田文鑫）

案例 2

按照近景、中景和远景的分类方法对场景中的景观要素进行梳理（图 5-30）。在该场景中，近景为人工水池，中景为一栋规则形状的建筑，远景则是主体建筑后方的数栋楼房。在画的时候，需对水面的质感和建筑物的纹理、材质进行详细刻画，对远景建筑物只需要简要表现即可。

步骤一：完成初步草图的绘制（图 5-31）。首先在图面下方画出铺装与水面的分割线，并绘制画面中居于主体位置的建筑物的大致轮廓，确定其位置、高度和基础结构，为之后的进一步细化奠定基础。

步骤二：按照从近到远的顺序对景观元素进行表现（图 5-32）。首先利用铅笔画出水面的波纹，对靠近岸边的水纹可使用较粗的铅笔，排列密集的短横线。在绘制图面近侧的水纹时，线条的密度可略微稀疏一些，从而使整体空间形成清晰的疏密对比。另外，在图面的最右侧勾画出近景植物的大致轮廓。

图 5-30　场景实景图（李文龙）

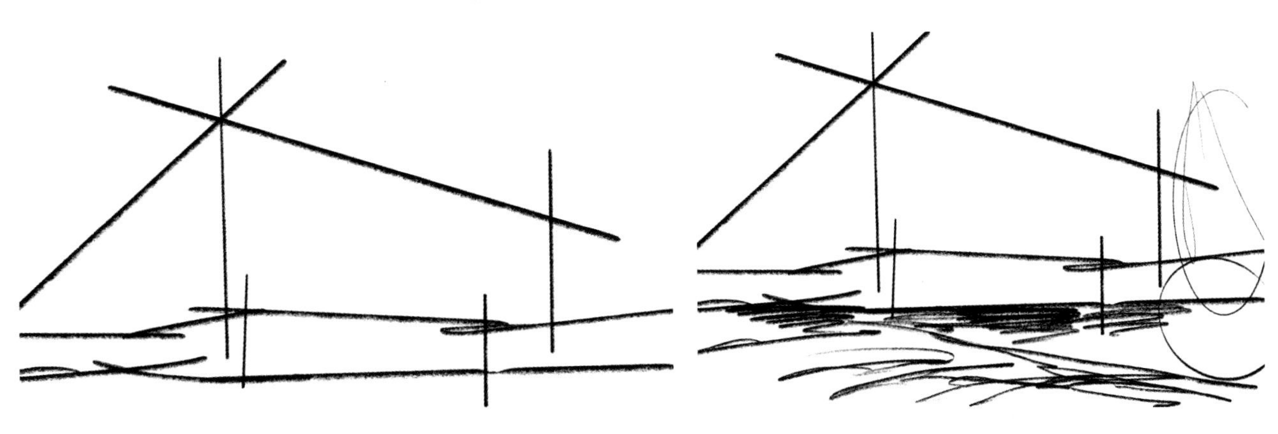

图 5-31　节点效果图手绘表现的步骤一（田文鑫）　　图 5-32　节点效果图手绘表现的步骤二（田文鑫）

步骤三：按照从上到下的顺序对建筑物的细节进行表现（图 5-33）。用交错的横线和竖线表现建筑外墙玻璃的材质，并把握好线条之间的间距。同时用双线或三线来刻画建筑物外立面的纹理，从而更好地区分材质。绘制时可使用直尺等辅助工具保证线条的准确和清晰。

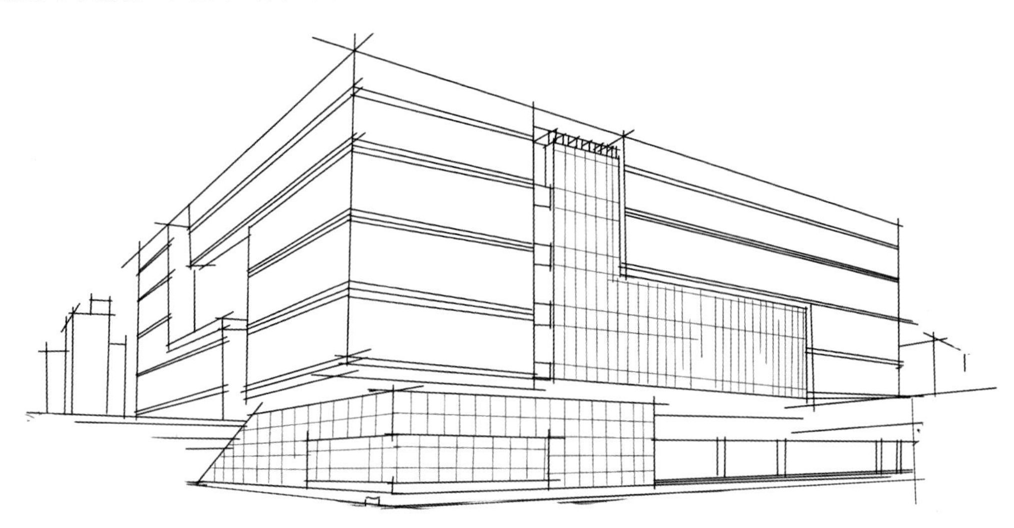

图 5-33　节点效果图手绘表现的步骤三（田文鑫）

步骤四：适当对水池的周边环境进行表现，丰富图面层次（图 5-34）。在绘制图面下方的草地时，可用曲线表示地面细微的凹凸不平感，并用折线绘制草地的纹理，两侧的叶片分别往左右两边倾斜。在绘制图面右侧的近景时，要详细对树干的形态进行刻画。树枝的分叉角度不宜过大，同时顶部的树枝要略细。

步骤五：使用马克笔完成最终的上色表现（图 5-35）。在对玻璃幕墙上色时，可使用淡蓝色的马克笔进行斜线排笔，同时色块与色块之间适当留白，从而强调明暗对比。在对水池进行色彩表现时先用浅色马克笔涂抹水面，再使用深蓝色马克笔沿着岸边进行颜色叠加。最后用白色马克笔或高光笔添加亮面。

图 5-34　节点效果图手绘表现的步骤四（田文鑫）

图 5-35　节点效果图手绘表现的步骤五（田文鑫）

案例 3

表现（图 5-36）场景时同样将其分为三部分，其中近景是湖面，中景是左侧的建筑物以及后方的树林，远景是数栋楼房。在绘制时需对近景的水纹及湖面倒影进行细致刻画。中景的树林由于距离较远，可简化对其枝叶细节的表现，但需对树冠的形态进行适当变化，避免图面效果单一。在画远景的楼房时，对其外形进行简单勾勒并画出高低错落的效果即可。

步骤一：如图 5-37 所示，将场景大致分为近中远三个层次，即水面、植物和建筑，其中对近景水面和中景植物进行细致刻画，对远景建筑进行简单表达。首先在纸面三分之一处将画面的水平线确定好，大体确定建筑的最高点以及植物和水面的位置。

图 5-36　场景实景图（李文龙）

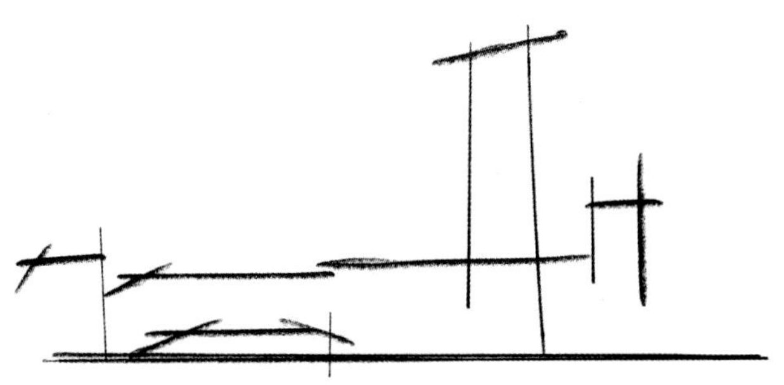

图 5-37　节点效果图手绘表现的步骤一（田文鑫）

步骤二：如图 5-38 所示，在定点之后，再进行更详细的位置勾画。首先绘制河流时，可用较粗的铅笔勾勒河流轮廓和水面的波纹，同时对树木景观进行更详细的勾画。

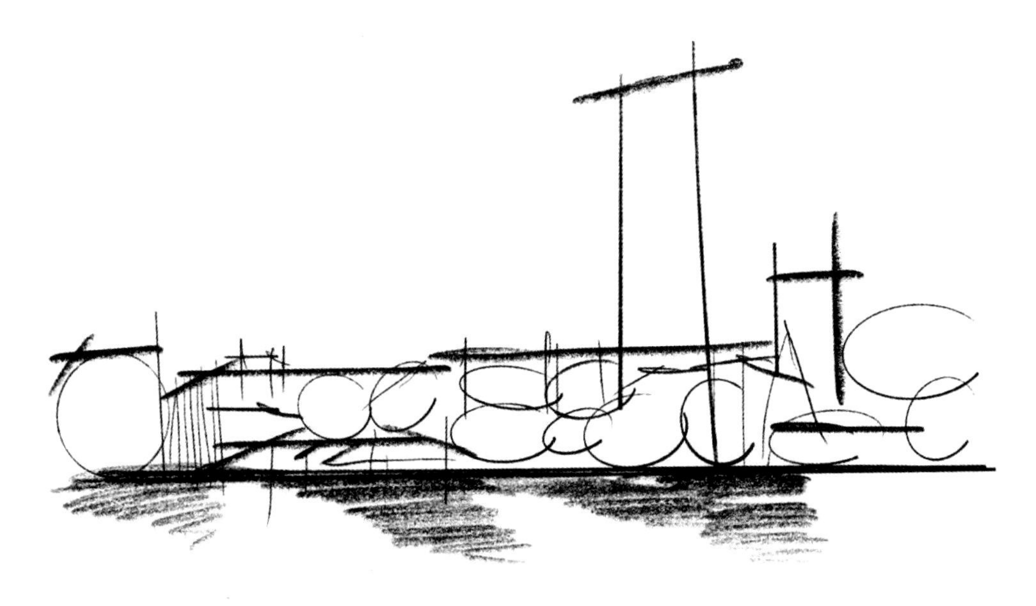

图 5-38　节点效果图手绘表现的步骤二（田文鑫）

步骤三：如图 5-39 所示，确定具体位置之后使用针管笔进行细节刻画。采用由远及近的表现方式，利用不同粗细的针管笔先对远景的建筑进行勾画，简单勾画窗户、屋顶和幕墙等结构，从而表现出现代建筑物的层次感。

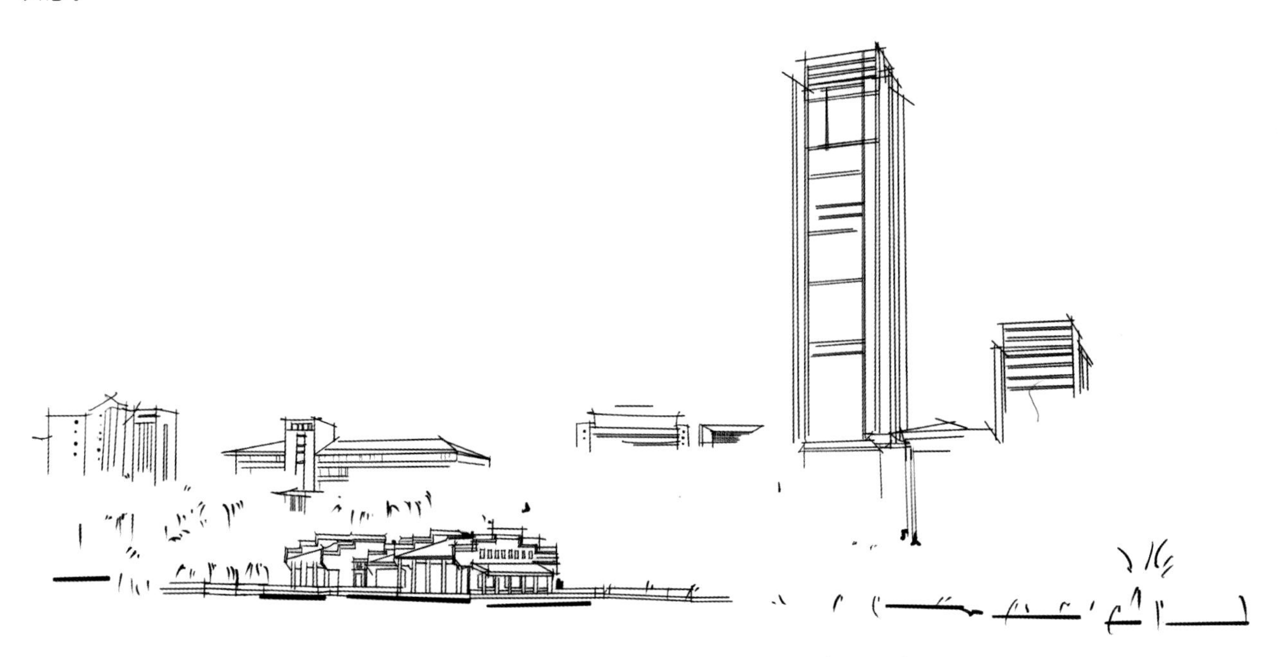

图 5-39　节点效果图手绘表现的步骤三（田文鑫）

步骤四：如图 5-40 所示，对建筑周边的河畔树林进行描绘。应保证整体结构和比例的准确，远景树在表现的过程中可适当简略，近景树进行细致刻画层次分明。同时使用较细的针管笔在水面上添加纹理和倒影，丰富图面细节。

步骤五：如图 5-41 所示，在使用马克笔进行上色时，应注意对图面远近效果的表现。对远景建筑用浅色马克笔简单带过，对近景河流中间使用浅蓝色马克笔，向岸边逐渐转换为深蓝色和绿色，营造出远近色彩的过渡。同时对中景的建筑适当留白，以保证画面的整洁和清新感。

节点效果图手绘表现示例如图 5-42 和图 5-43 所示。

图 5-40　节点效果图手绘表现的步骤四（田文鑫）

图 5-41　节点效果图手绘表现的步骤五（田文鑫）

图 5-42　节点效果图手绘表现示例 1（田文鑫）

图 5-43　节点效果图手绘表现示例 2（田文鑫）

5.5 分析图

5.5.1 分析图的作用

分析图是景观方案中十分重要的组成部分。手绘者可通过绘制前期分析图来充分挖掘项目所在区域的隐藏信息，可以让阅图者更加清晰和直观地看到场地的优点和不足，从而使之后的设计有理有据。由此可见，分析图可以称作是设计方案的思路提炼，在整体方案形成过程中起到了不可替代的重要作用。因此，作为手绘的初学者，十分有必要加强对分析图绘制的练习。

5.5.2 分析图的绘制要点

在一套景观设计方案之中，常见的分析图包括交通分析图、功能分析图、轴线分析图等（表 5-1）。下面将结合具体案例，对上述每一类分析图的特点和绘制方法进行介绍。

表 5-1　常见的景观设计手绘分析图

图纸名称	作　　用	绘 制 要 点
交通分析图	表示设计场地内的交通体系	使用不同的箭头来表示主要道路和次要道路
功能分析图	表示基地内部各个区域的功能分布以及人们潜在的活动种类	使用闭合的虚线泡泡来表示不同的功能空间,并在内部标注序号加以区分
轴线分析图	表示场地内部的景观轴线	用不同形状的箭头来表示景观主轴和次轴,之后用圆形图案分别绘制出主节点和次节点

1. 交通分析图

在一套完整的景观设计方案中,交通分析图是其中重要的组成部分（图 5-44）。其主要作用如下。

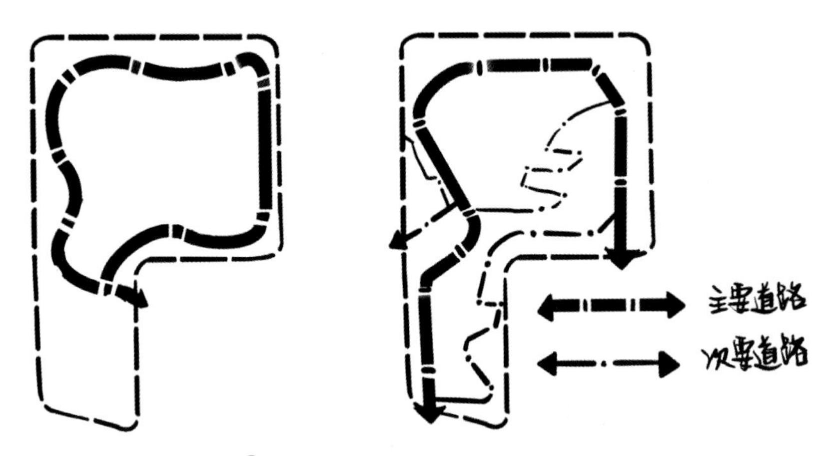

图 5-44　交通分析图（韩继悦）

（1）交通分析图可以用于分析场地内的交通流线和活动空间,从而帮助设计师了解不同交通要素之间的关系和影响,进而确定合适的交通组织方案。

（2）交通分析图可以帮助设计师发现潜在的交通安全隐患,并通过改变交通流线和方案来提升场地的安全性。

（3）交通分析图也能帮助设计师优化场地的功能布局,如在设计公园或城市广场时,交通分析图可以帮助设计师确定合适的车辆和行人通行路径,从而使得场地的功能更加完善。

（4）交通分析图还可以帮助设计师更好地理解场地的交通状况和设计要求,从而更快地制订出合适的设计方案,提升设计效率。

在绘制过程中,可使用不同的箭头来表示主要道路和次要道路。一般主要道路用较粗的实线箭头表示,次要道路用较细的箭头虚线来进行表示（图 5-45）。

2. 功能分析图

功能分析图通常是景观设计初始阶段的设计工具,它主要用来表示基地内部各个区域的功能分布以及人们潜在的活动种类,为后续设计提供指导和方向（图 5-46）。功能分区图的主要作用如下。

（1）功能分区图通常将景观空间划分为不同的功能区,例如休闲区、活动区、绿化区等,有助于确保景观设计可以满足不同使用者的需求。

（2）功能分区图可以帮助设计师更好地理解场地的特点和限制条件,起到辅助优化场地布局和规划的作用。

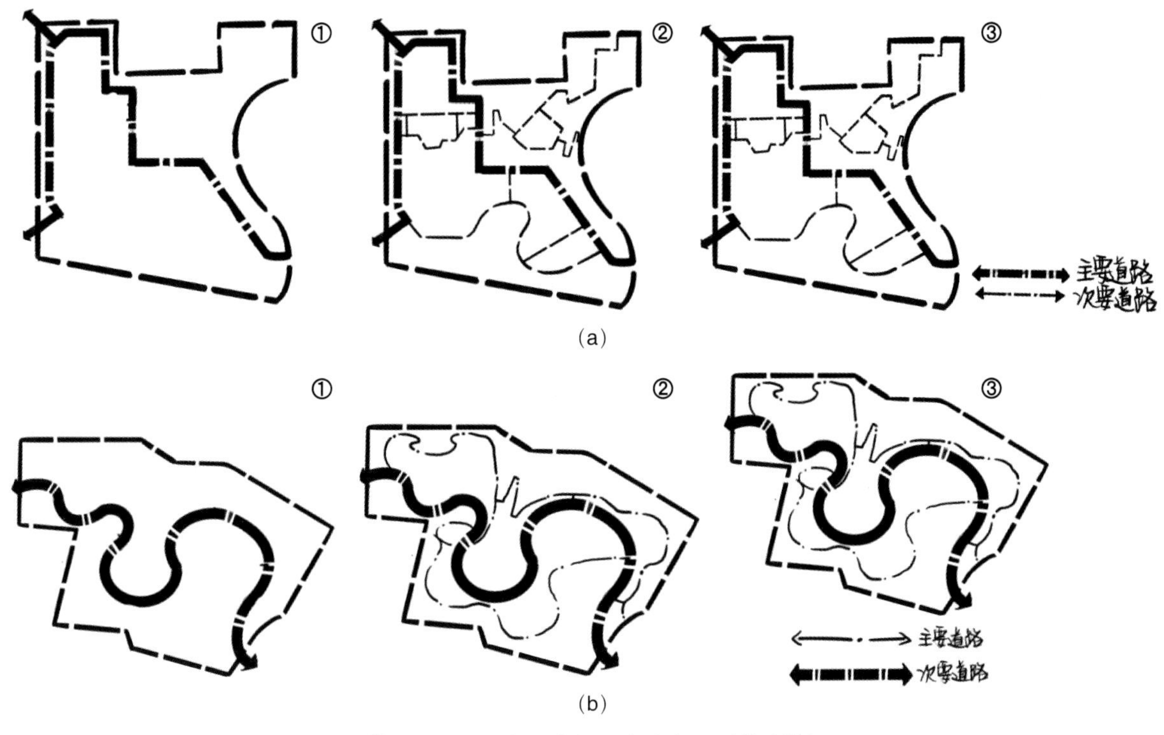

图 5-45　交通分析图表达步骤（韩继悦）

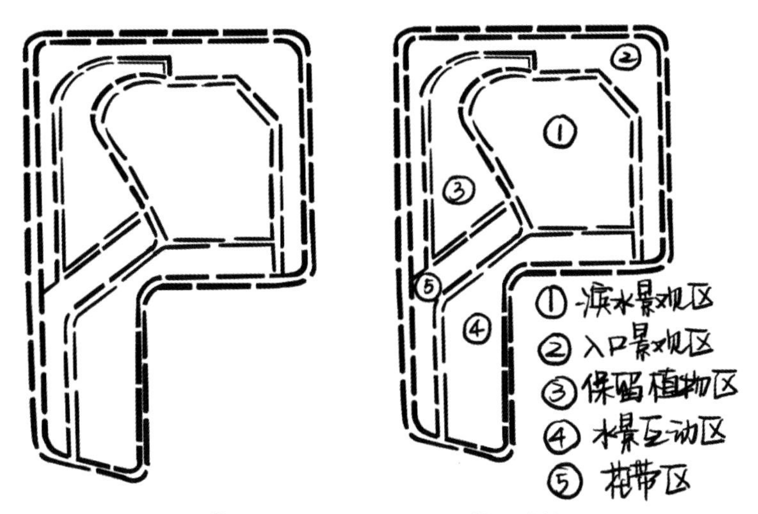

图 5-46　功能分析图（韩继悦）

（3）功能分区图可以让景观设计师更好地确定各种景观元素（例如座椅、树木、喷泉等）的位置和数量，以满足场地的功能需求和美学要求。

（4）功能分区图还可以帮助设计师优化空间分配，确保每个区域都得到充分利用，并在不同的区域之间实现平衡和协调。

在表达功能分析图时，要通过观察场地的区位状况，分析邻近区域的功能业态，从而合理地进行功能划分。通常使用闭合的虚线泡泡来表示不同的功能空间，并在内部标注序号加以区分（图 5-47）。

3. 轴线分析图

轴线分析图主要用来表示场地内部的景观轴线（图 5-48）。按照轴线的类型可分为主轴和次轴。主轴即主要的景观节点所在处，对整个设计方案起到支撑作用。其主要作用如下。

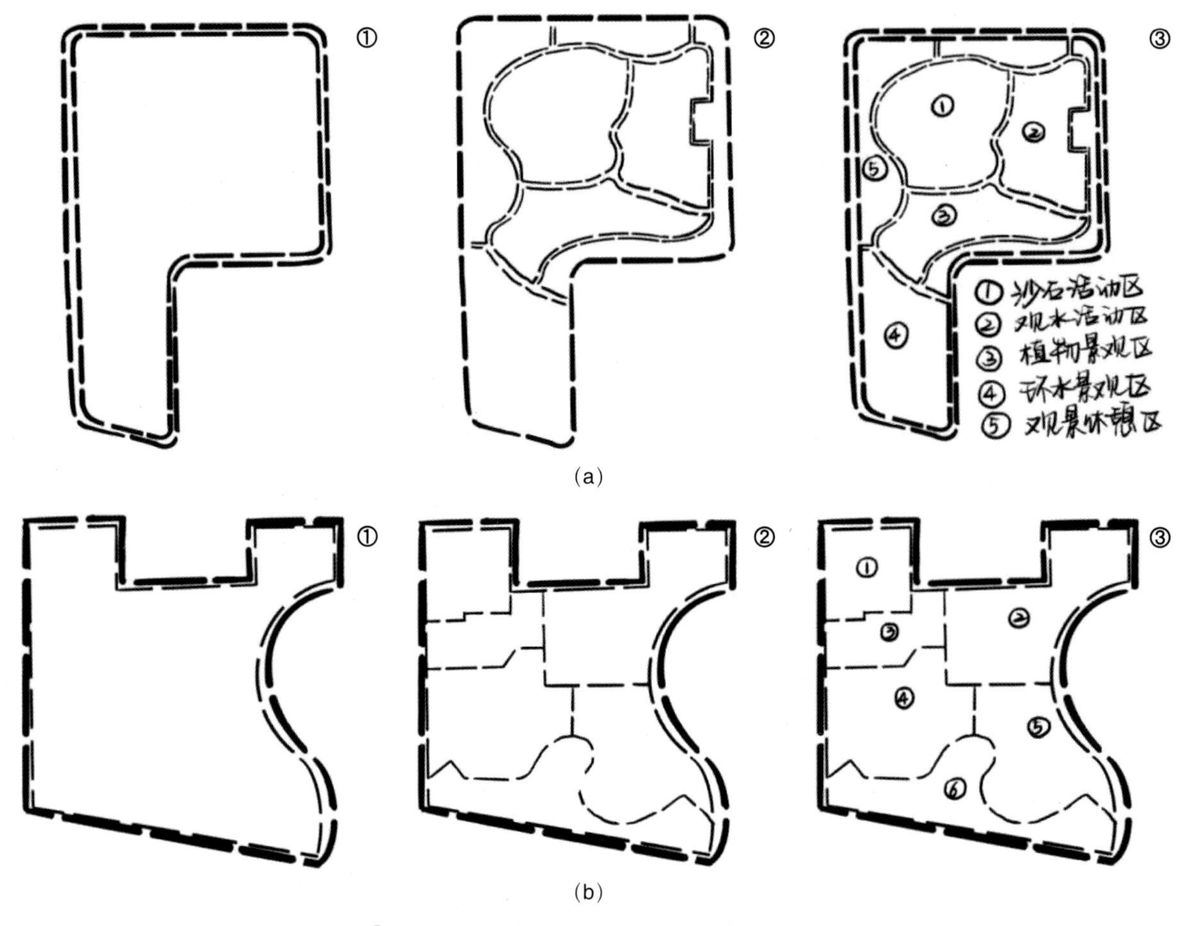

图 5-47 功能分析图表达步骤（韩继悦）

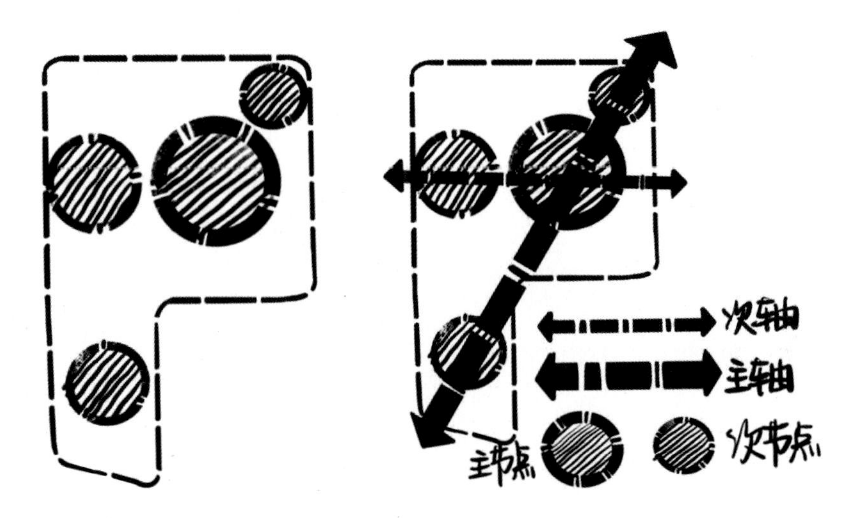

图 5-48 轴线分析图（韩继悦）

（1）轴线分析图可以帮助设计师确定场地的主要方向和视觉联系，为景观设计提供方向和指导。

（2）通过轴线分析图可以将场地的主要轴线和方向与景观主题相结合，强调景观的主题和特色。

（3）轴线分析图可以给行人通道和交通流线的规划起到辅助作用，引导人流，从而提高场地的出行效率和舒适性。

（4）轴线分析图可以帮助设计师更好地理解场地特点和限制，提高设计效率，减少不必要的修改和调整。

（5）通过轴线分析图可以在场地内创建视觉联系和视觉层次，增强景观的视觉效果和空间感。

在绘制过程中，首先要确定轴线所在的位置，其次用不同形状的箭头来表示景观主轴和景观次轴，最后在主轴和次轴上用圆形图案分别绘制出主节点和次节点，使得人们对方案的空间结构一目了然（图 5-49）。

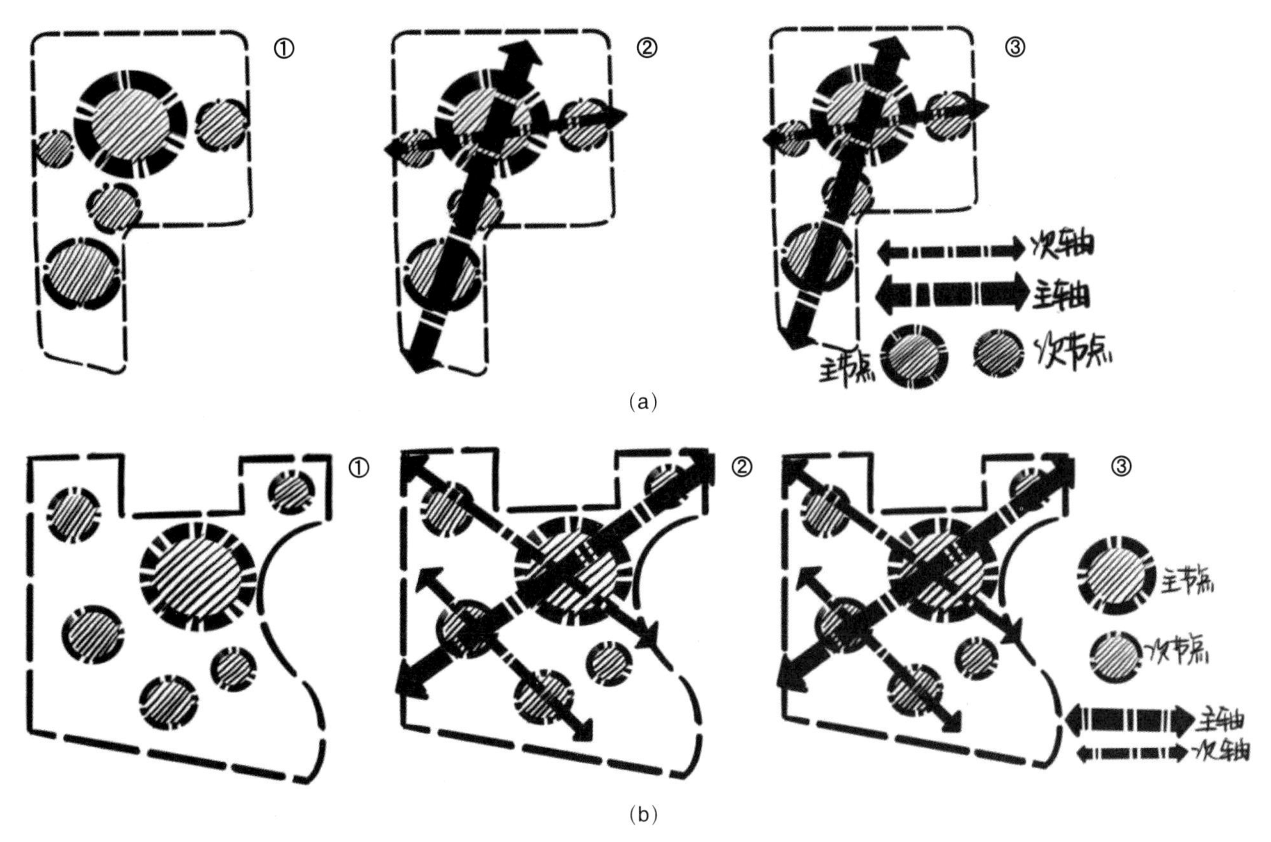

图 5-49　轴线分析图表达步骤（韩继悦）

第6章 景观设计基本要素手绘表达

景观设计属于综合性的空间设计领域，涉及空间中多样且复杂的基本要素。在进行手绘表达时，首先要对这些基本要素进行分类，并分别展示其特点。值得注意的是，要素表现应既展示其外貌特征又适当简化，以便于快速理解。

在景观设计过程中，手绘表达通常发生在前期草案阶段。因此，应着重于简洁明了地表现各要素，这些基本要素包括植物、水景、道路、铺装、公共设施和建筑等。除此之外，还需要关注特殊节点的设计表现，根据实际情况进行调整，以符合设计师所要打造的场景氛围。

景观设计的基本要素包含诸多方面，但要素间往往没有绝对明确的界限。例如，植物和水景、公共设施和道路可能相互交融。设计师需要灵活地理解和表现这些要素之间的关系。对于学习景观设计手绘的练习者而言，基本要素可能相当复杂。掌握表达技巧需要时间和耐心。因此，建议绘图者在不断练习各要素的手绘表达的同时，逐步建立自己的要素库。这样在面对不同问题时，可以迅速生成解决方案。

6.1 植　物

6.1.1 平面图中植物的绘制要点

植物在景观设计手绘中是需要重点表达的元素。然而，因季节、城市和形态的不同，植物的细节差别很大。当设计中植物是空间营造的重点时，建议对其细节进行深入刻画；若植物非重点元素，则可进行概括表现。在表达过程中，注意灵活掌握细节和整体之间的平衡。

另外，需要注意不同植物在线条和色彩上的区别。在景观设计的手绘表现中，往往需要附上种植设计说明。手绘者应在追求表现效果的同时，确保准确性。对于透视图中的植物表现，可以根据远、中、近的不同情况进行概括或深入刻画。在色彩方面，应考虑树叶、果实、花卉等元素对植物整体颜色的影响。在绘制过程中，努力实现准确性和美观性的平衡。

在植物平面表现中，首先注意单株植物通常以圆形为基本形状进行绘制。设计者可以根据实际需要，选用圆规等作图工具或徒手绘制。虽然圆形的规整程度并非表现准确性的严格标准，但建议手绘者尽量保持规整。此外，某些树木的轮廓可以采用异形来表达，以更好地体现其典型特征（图 6-1）。

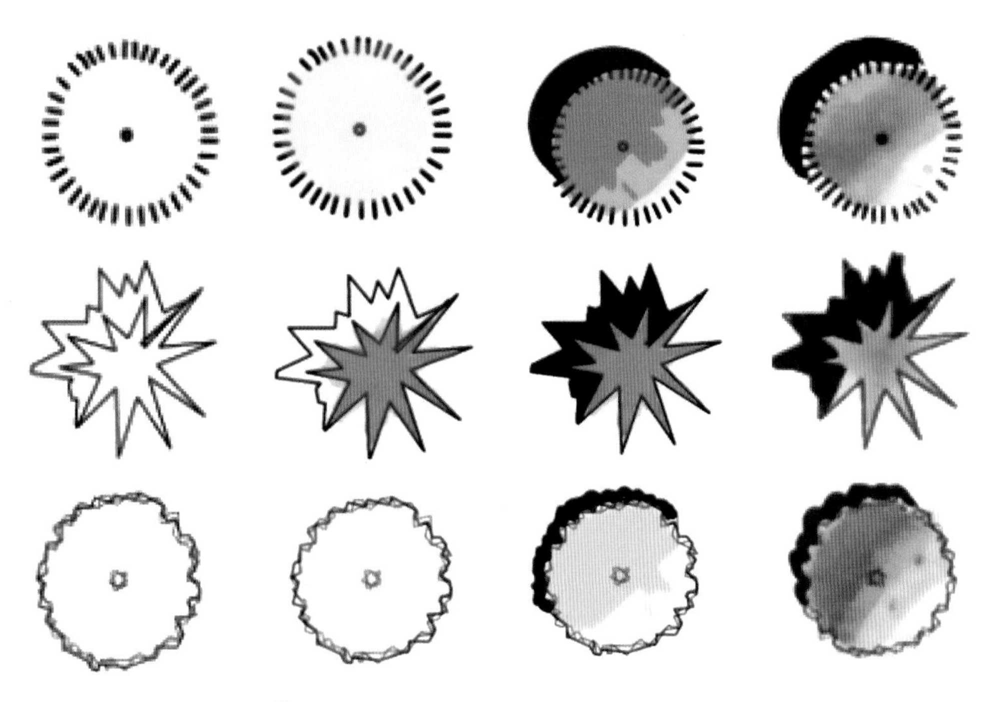

图 6-1　轮廓法平面植物表达（田文鑫）

在植物平面绘制中，先画出轮廓，接着表现树枝肌理，以展示植物的基本特征。同时，在绘制多株植物时，要注意树木间的高低遮挡关系，轮廓可以交叉，部分细节处需表现阴影。一般而言，植物平面表达方法主要分为轮廓法和枝条法。

轮廓法是最常见的平面植物画法。常绿乔木和落叶乔木都有各自的轮廓法的一个表现方式。其中常绿乔木的轮廓法表现手法较多，相对要复杂一些。而落叶乔木轮廓法的表现方式较为简单，只需要画出树的圆形轮廓即可。有时会在圆心处加个点来标明植物的定位。

对轮廓法的上色也较为简单，首先确定光源方向，然后按照圆形的路径，着重在明暗交界线处去刻画即可。接着一个很重要的步骤就是给植物添加投影。投影的形状类似于新月状，起笔和收笔都是利用笔尖来完成的，中间的部分则是利用整个的笔触来完成的。

枝条法多用于表示常绿乔木的平面，也可以用来表示落叶乔木的平面（图 6-2）。落叶乔木的平面通常是以原点为中心画圆，然后从这个圆分出若干分支，相当于落叶乔木的主干部分，再在每一根主干上去添加它的分支。需要注意的是，分支的添加不需要特别均匀，可较为随意地进行添加。

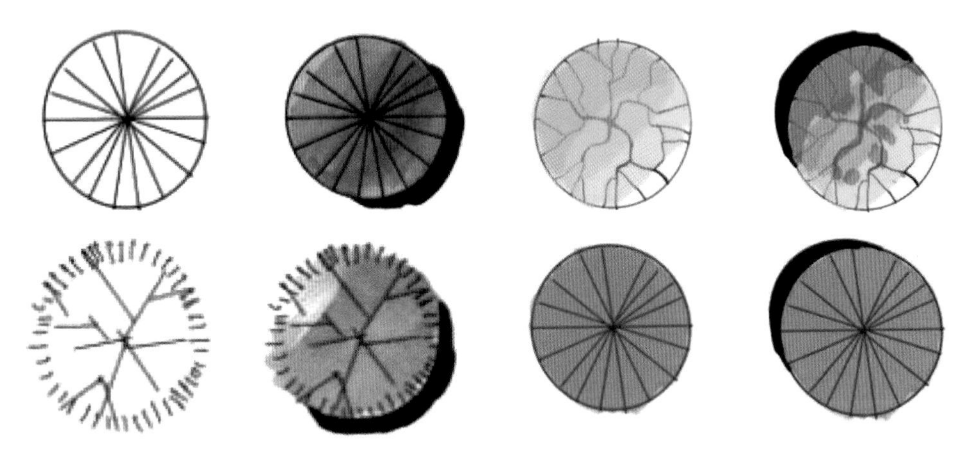

图 6-2　枝条法平面植物表达（田文鑫）

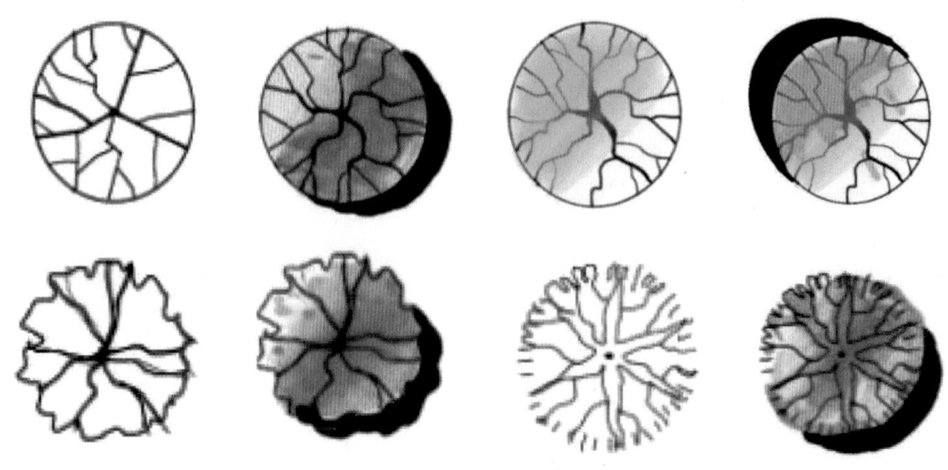

图 6-2（续）

常绿乔木的平面是以原点为中心向圆周边画直线。手绘者也可先把圆分成均等的四等份，然后每个等份上均匀地绘制线条。一般情况下亮面的枝条要稍微少一点，暗面则要多一些。

这两种植物的上色方式类似，都是沿着圆周边向圆心画线，且笔触关系是利用扫笔，这样的上色方式可以减少圆周边的不整齐度。首先选用几种颜色进行叠加上色，同时可以在亮面运用暖色系的色号，画一些细笔触提亮的线条。涂完之后，要对其进行投影的统一刻画和添加。

在表现乔灌草结合的植物组团时，可运用不同大小的植物图例来进行表示。需注意的是，大小植物如果分布得过于散乱，会显得布局十分凌乱、琐碎。因此，平面植物组团的绘制需要遵循一定的规律。

以丛植为例，植物的平面构图一般以不等边三角形为主。一个组团通常包括两到三棵主景树，周边环绕若干小乔木及花灌木，从而形成丰富的植物层次（图 6-3）。

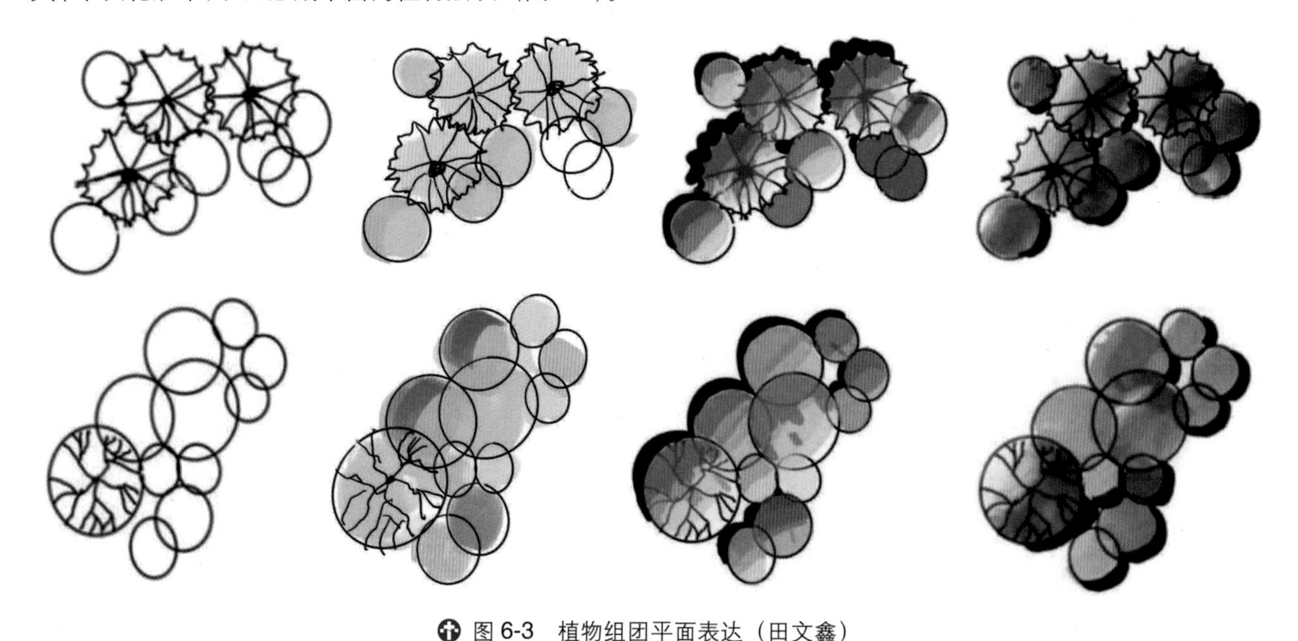

图 6-3 植物组团平面表达（田文鑫）

6.1.2 效果图中植物的绘制要点

在景观设计手绘中一般常用折线来表现不同类型的植物。常用的植物线形有 W 字线、M 字线、几字线和弧形线等，其他各类折线可从上述四种线形演变而来（图 6-4）。在练习时可先进行单纯的折线训练，等熟练后可尝试加快速度，并尝试对线条的方向、疏密等进行变化。

图 6-4　各类型折线（田文鑫）

树是景观设计中最常见的元素之一，因此对常见的树木进行快速绘制是景观设计手绘中的重要部分。

尽管树的类型千变万化，但万变不离其宗，归根结底它的结构都是由树冠和树干两个部分组成的。在画的时候可以先将树冠勾勒成一个简单的形状（如圆形），再沿着树冠的边缘画折线并表达出树干，最后进行阴影的添加和草本植物的绘制。树的阴影一般集中于树冠的下部，也就是树冠与树干的交界处（图 6-5）。

图 6-5　树干线稿表现（田文鑫）

绘制中要注意不同形态树叶的疏密处理，对部分细节要进行深入刻画，但不必所有纹理均深入刻画。要注意树干和树枝的连接处，颜色受阴影影响会较为暗沉（图 6-6）。

上面介绍的只是最为常见的一种树的快速画法。对于设计中的主景树，在手绘时通常要采用更加细致的方式进行表现，如使用组团的方式画出树叶。一般来说，可先将树冠概括成多个椭圆形，再用折线进行更加具体的表现。需要注意的是，树叶在生长的过程中会产生各种各样的形态，在画的时候尤其要注意不同方向树叶的画法，避免将所有树叶只画成一个方向（图 6-7）。初学者在练习之余，还应走出教室，多观察室外各类植物的生长形态和总体结构，以及其他常见的造景要素，以便在之后的绘制过程中能快速抓住其主要特征。

图 6-6　乔木线稿手绘表达步骤（田文鑫）

图 6-7　常见乔木手绘表达样例（田文鑫）

需要注意的是，在手绘表达时，由于上色与否对于细部的表现方法差异较大，所以在绘制前，手绘者需要决定对于部分细节是采用何种方式表达。如果是用不上色的线稿表现，则需要考虑用排线的形式进行刻画；如果上色，则采用不同冷暖色进行刻画（图 6-8）。

图 6-8　乔木上色表达 1（田文鑫）

手绘练习者在上色过程中，还应关注对树木层次感的体现（图 6-9 ~ 图 6-16）。可按照以下步骤进行练习。

图 6-9　乔木上色表达 2（田文鑫）

（1）选择合适的颜色。选择适当的颜色对表现层次感至关重要。如对于前景部分，可选择浅绿色等较浅的颜色；而对于背景部分，则可以选择深绿色或深蓝色等较深的颜色进行表现。

（2）使用交错的线条。在上色时，可使用长短不一的线条来对树木的不同部分进行表现。需注意一般近处的树叶较为密集，而远处的树叶则比较疏松。

（3）重点突出。可使用较深的颜色来突出前景中的重点部分，如一些主干或较大的树枝等。

（4）添加阴影和高光。在上色完成后，可使用深色马克笔添加阴影，使得图面更富有立体感和真实感。同时在光照较强的地方，也可使用白色马克笔或高光笔添加高光。

在植物的刻画中，线条不要琐碎，同时注意线条要有一定的松弛感。手绘者可针对自身的情况进行有针对性练习。

植物需注意其在不同季节下的形态呈现，不要出现不同植物在同一画面，但实际植物状态属于不同季节这样的矛盾画面，因此手绘时需要严谨考虑到植物的季节性特征。

部分植物在景观设计中被人工修剪或进行修饰，呈现出不同的非自然植物形态，手绘者应对表现效果进行观察和细化。

在掌握了单体植物的绘制方法后，手绘练习者可开始尝试绘制较为复杂的植物组团（图 6-10）。

图 6-10　植物组团 1（田文鑫）

当绘制植物组团的线稿时，首先要确定整体的构图和布局。手绘者既可参考常规的配置模式，同时也可适当发挥自己的创意，表现出更加富有趣味的植物群落。同时，在绘制过程中尤其需注意植物在水平方向上的前后遮挡，以及垂直方向上的高低错落（图 6-11）。

图 6-11　植物组团线稿（田文鑫）

使用马克笔上色时，需要注重整体色彩的搭配和协调。可根据不同的植物特征来选择颜色和色调进行表现，如用绿色和黄色搭配表现叶子，用红色和粉色组合来表现花朵等（图 6-12）。植物组团的表现是景观设计手绘中的重点和难点，因此初学者需针对其进行大量的重复训练，达到熟能生巧的目的（图 6-13 ~ 图 6-15）。

总体来说，植物元素在景观设计表现中占有重要作用，需要注意不同植物之间的空间关系，在颜色表现上需趋于差异化，以突出不同树种之间的区别。在乔木灌木之间的空间关系塑造上，应注意以下几点。

（1）明暗对比。不同的植物在光线下会产生不同的明暗变化，因此在景观植物表现中，明暗对比是较为重要的一环。一般在高处的植物部分会相对较亮，在低处的植物部分会相对较暗。同时若光源有一定的角度，则迎光面的植物部分会较为明亮，背光面的植物部分会较为灰暗。

图 6-12　植物组团上色（田文鑫）

图 6-13　植物组团 2（韩继悦）

图 6-14　植物组团 3（韩继悦）

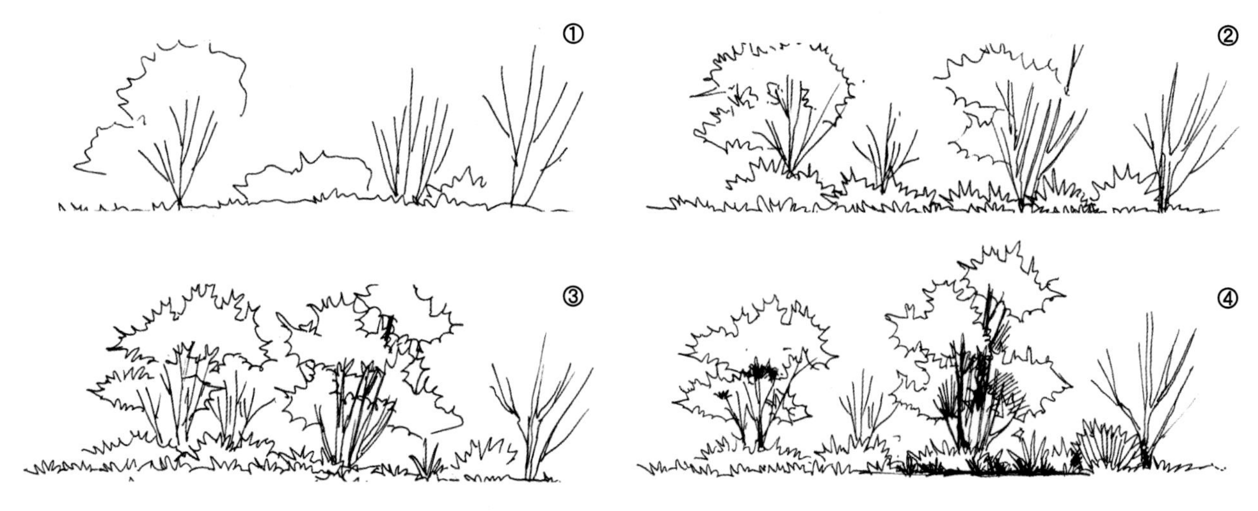

图 6-15　植物组团线稿表达步骤（李文龙）

（2）高低错落。在植物空间关系的塑造中，大部分场所植物应注重高低错落，以体现植物的自然之美。由于植物本身树梢的不规则性，手绘时可有一定的自由发挥空间，但整体须尊重场地整体关系（图 6-16）。

图 6-16　植物高低错落的手绘表达（田文鑫）

（3）虚实结合。植物群落中的各个植物可以虚实结合。在画面前景的植物可以较为深入刻画，在画面后景的植物可以相对概括虚化，这样可使整体画面既有层次感又有更生动的表现力（图 6-17）。

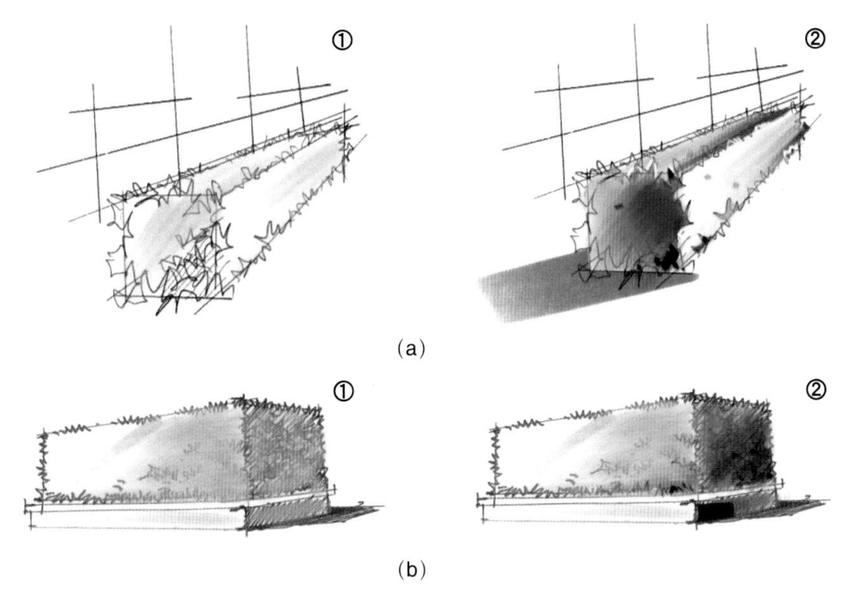

图 6-17　植物虚实结合的手绘表达（田文鑫）

6.2 水　景

6.2.1 平面图中水景的绘制要点

水景是景观设计中的重要元素，在众多的景观设计方案中都会用到含水设计，有的含水设计涉及装饰艺术，有的则涉及生态功能（图 6-18 和图 6-19）。根据具体方案的不同，水景的尺度和具体表现方法也有较大差异。

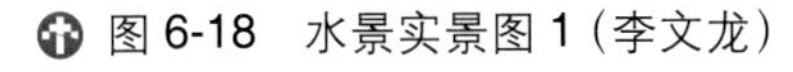

图 6-18　水景实景图 1（李文龙）

图 6-19　水景实景图 2（李文龙）

水景的表现难点是其主要依附的具体设施和空间较为复杂多样。因为水景作为一种流动性和灵活性极强的景观要素，本身在表现手法和刻画技法上就有多种方式。且本身水的形态刻画较难，在线稿刻画时容易与周边的环境产生冲撞，让人不容易在短时间内识别，因此建议手绘者加强对水流形态和质感的专项练习。

首先手绘者应对水景的分类进行初步了解。在平面表达中，水景可分为规则式水景和自然式水景。

规则式水景一般适用于整体相对较为规则的环境，常与景观结构、建筑空间及铺装等相结合。规则式水景常与景墙、汀步、种植池等相结合，使得场地更富有韵律美和节奏感。

自然式水景常见于风景名胜区、自然公园等的中心景观和主体部分。在绘制过程中，最为重要的一点是保证曲线的流畅。还可以沿着水边设置各类亲水平台，增加人们亲水性的活动空间，同时也能够提供生态保育的作用。

水景的平面表达可繁可简。由于其本身的基本特质，并不需要太多的笔触来刻画，甚至只需要简单几笔即可表示出环境关系，剩下的大面积留白即可（图 6-20）。由于水的反光特性，它的颜色主要由周围的各种环境色来决定，但是又要保持其本色。所以如何将这些颜色巧妙地融合在水体的平面表达中，需要手绘练习者多加观察和训练。

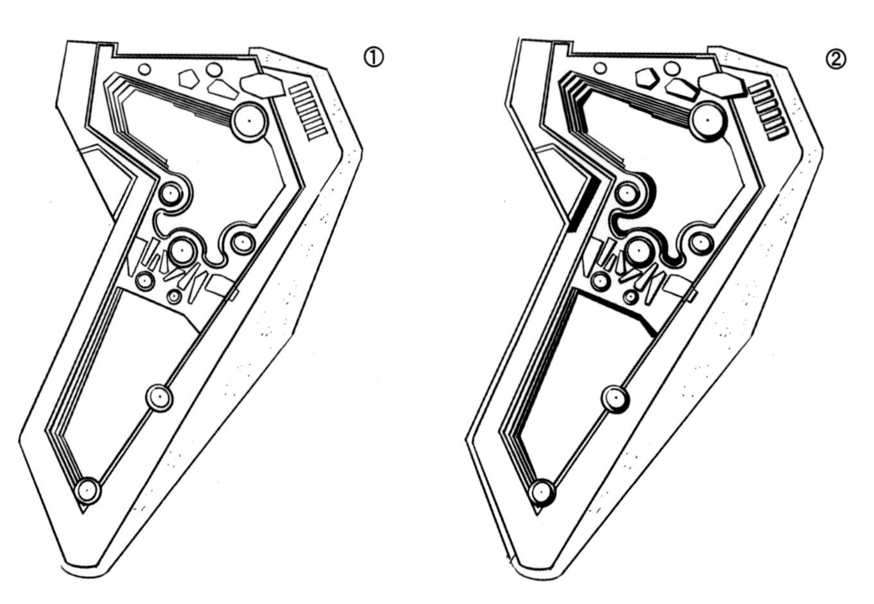

图 6-20　水景平面图表达（韩继悦）

初学者往往把握不住水景的笔触，难以表达出水的流动性。当绘制自然水景的平面图时，要保证驳岸曲线的自然抖动，不能显得过于均等，并且最外围的轮廓线要适当加粗，区分主次。

当表达规则水景的平面效果时，可用双线来表示水景边缘的收边宽度。在水景的表面还可用相对规则的水纹线来进行表示，水纹线也要注意详略得当。

6.2.2　效果图中水景的绘制要点

在效果图表现中，水景一般可分为动态水景和静态水景（图 6-21～图 6-24）。在设计之中，动态水景常包含小溪、跌水、瀑布等。在欧式景观中还常用到喷泉。静态水景常位于轴线尽端，如小水池和镜面水等。

图 6-21　动态水景实景图 1（李文龙）

图 6-22　动态水景实景图 2（李文龙）

图 6-23　静态水景实景图 1（李文龙）

图 6-24　静态水景实景图 2（李文龙）

下面通过实例说明水景线稿表达的步骤。

步骤一：如图 6-25 所示，对图面右上方的石头和溪流的大概轮廓进行勾画。在绘制石头时可将其视为缺失了部分边角的立方体，从而更好把握其形态特征。勾画水纹时可通过笔尖和力度大小的改变来表现出不同的水流特征。

图 6-25　水景线稿表达的步骤一（韩继悦）

步骤二：如图 6-26 所示，根据光线的方向，在石头的右侧进行排线，从而强调转折。注意排线的线条应有一定的疏密对比，不能过于均匀。如上侧的线条较密，下侧的线条则可稍微稀疏一些。同时绘制溪流两侧的花灌木并刻画出枝叶细节。

步骤三：如图 6-27 所示，完善植物群落的表现，并在图面下方画出水纹内部的涟漪。为使其看起来更加自然，在表现过程中可适当变化笔尖的粗细、手部的用力程度和运笔的速度。如快速的涌流可用粗笔尖、较大的力度和快速的笔画绘制。

图 6-26　水景线稿表达的步骤二（韩继悦）

图 6-27　水景线稿表达的步骤三（韩继悦）

在水景的绘制中，注意其线稿绘制应笔触较轻，同时要注意动态水景与静态水景的区别。

水景的上色须注意留白，以及可能涉及的环境色表现。由于水景中的水实际是偏向于透明的色彩，因此其表现颜色以蓝色为主，可适当留白。在部分情况下，在水景的色彩表达中可加入环境色，以体现水景与周边环境的融合。

在一些水景细部处理时，若水景占据重要的景观节点位置，则须进行深入刻画，并考虑其具体的水花及水流形态等（图 6-28 和图 6-29）。

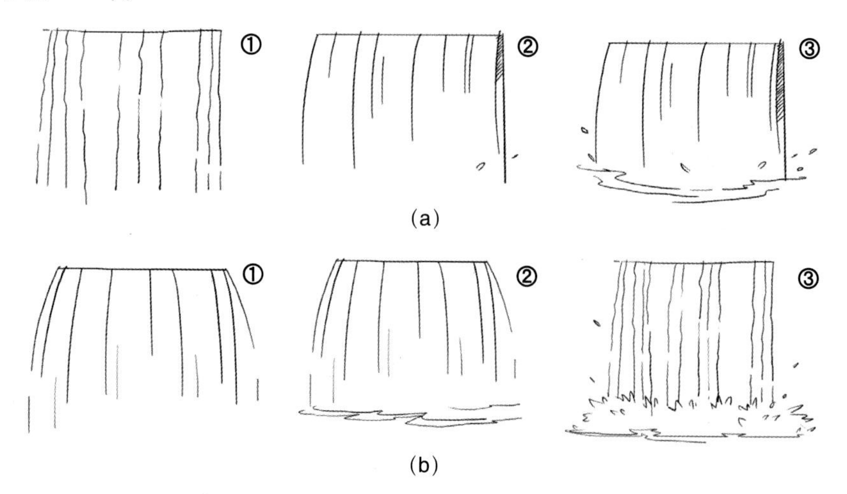

图 6-28　水景小场景表达步骤 1（韩继悦）

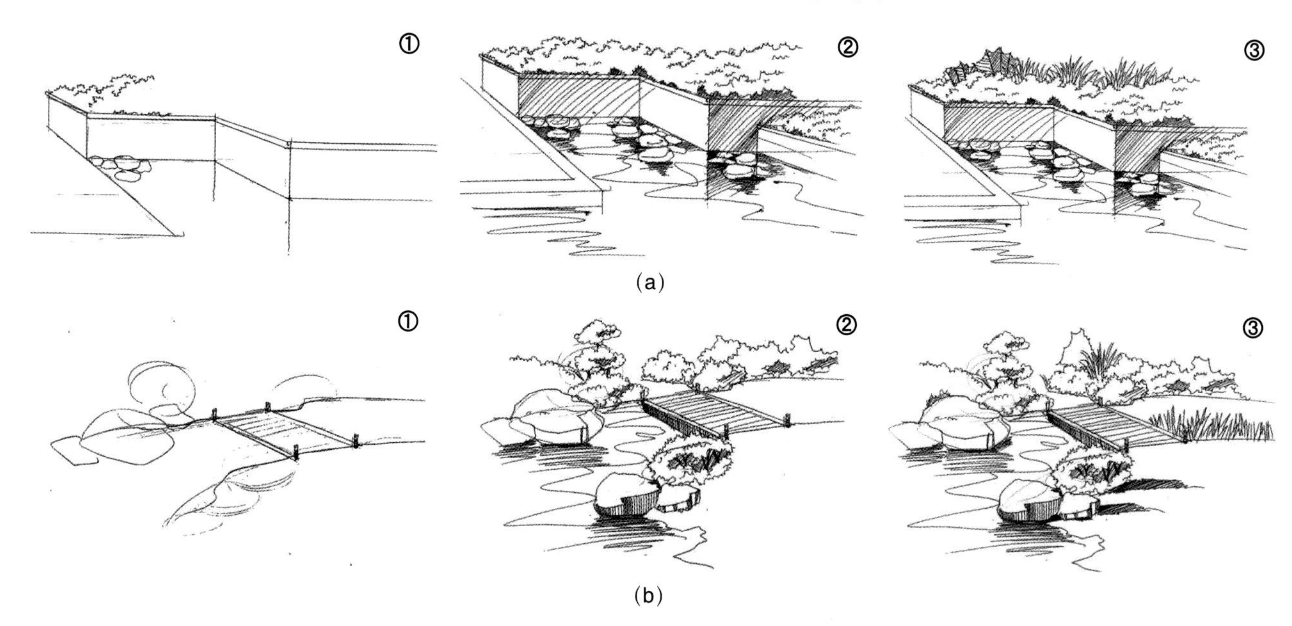

图 6-29　水景小场景表达步骤 2（韩继悦）

在线稿刻画时，可以用线条来表现水流的纹理。但若后期确定上色，则可适当减少线稿线条的密度和数量（图 6-30）。

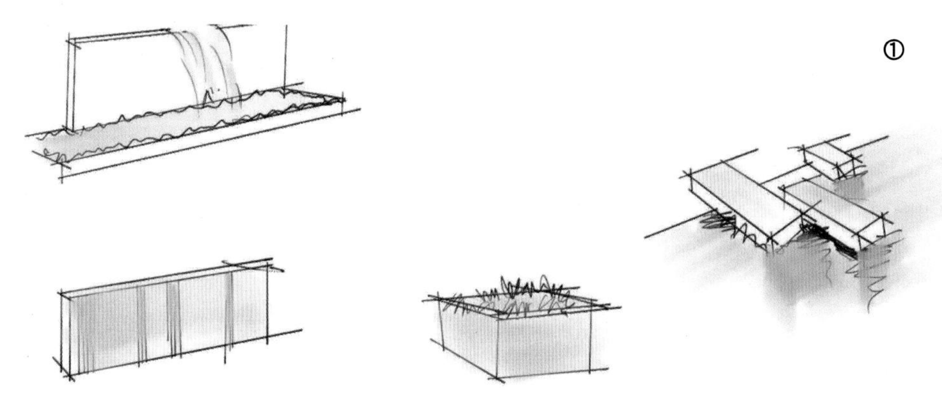

图 6-30　水景上色表达的步骤（田文鑫）

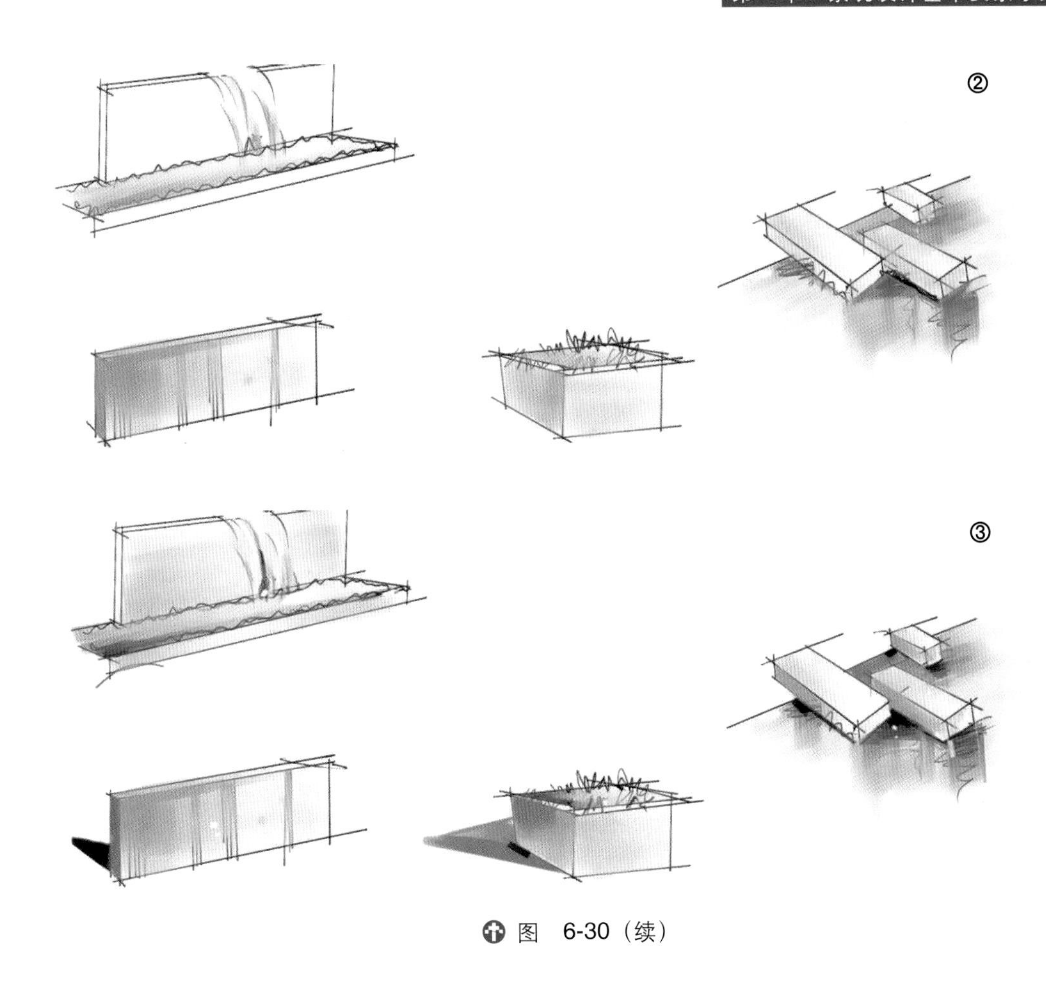

图　6-30（续）

6.3　铺装与道路

6.3.1　平面图中铺装与道路的绘制要点

在景观设计中，铺装与道路是十分重要的组成部分。它们不仅能通过丰富的材质、图案和色彩为景观空间增添美感，同时也发挥着连接空间，引导行人前进方向的功能（图 6-31 和图 6-32）。因此，作为初学者，应将学习景观道路与铺装的表现技法作为重点练习内容。在对铺装与道路进行手绘的过程中，需关注以下几个要点。

图 6-31　铺装景观实景图 1（李文龙）

图 6-32　铺装景观实景图 2（李文龙）

（1）明确表达目的。在开始手绘前，要明确将要绘制的铺装与道路的功能、特点与主题，从而确保手绘的准确性。如在湿地景观、亲水平台等场所，可使用防腐蚀、防潮、抗变形的防腐木铺装；在广场、步行街和公园等场所，则可使用耐磨、防滑、质感独特的石材铺装。

（2）表现材质与纹理。铺装与道路的材质多种多样，常见的有石材铺装、木质铺装、沥青铺装、透水砖铺装等。其中，石材铺装又可细分为花岗岩、青石和板岩等。木质铺装可细分为实木铺装、塑木铺装和防腐木铺装等。作为手绘者，应对常用的景观铺装的类型名称、特点和主要应用场景有一定了解。只有这样，在手绘表现的过程中才能针对不同类型的铺装进行刻画。

（3）注意空间关系和比例。首先，手绘者要对不同级别园路的宽度进行了解，在绘制过程中要注意道路铺装和其他景观要素的大小关系，避免犯尺度方面的低级错误。其次，在道路与铺装的表现过程中，可适当运用透视原理，更好地展现远近物体的大小关系，并加强景观空间的纵深感。最后，可在铺装与道路的周围添加行人、植物和建筑等造景元素，提升场景的层次感和丰富度。

景观道路和铺装的分类方法多种多样，不同分类方法的依据和原则也不尽相同。在本节的第一部分，将依据铺装使用功能的差异性，对入口空间、活动空间和展示空间铺装平面图的绘制进行介绍。在本节的第二部分，将按照铺装材质的不同，对石材铺装和木质铺装两类在景观设计中较为常见的铺装的效果图表现进行展示。

入口空间具有很强的导向性和象征意义，优秀的入口空间设计能够引导人们进入并了解所处的环境。因此，在对入口空间铺装的平面效果进行表达时，可通过加强铺装图案的引导性来指引行人前行的方向（图 6-33 和图 6-34）。手绘者可使用清晰明确的几何图形如直线、弧线、波浪线等，通过铺装样式来暗示游人潜在的行动轨迹。例如，路径两侧可使用直线铺装，强调通行的方向；在拐角处则可以运用弧线铺装，自然地引导人们转向。

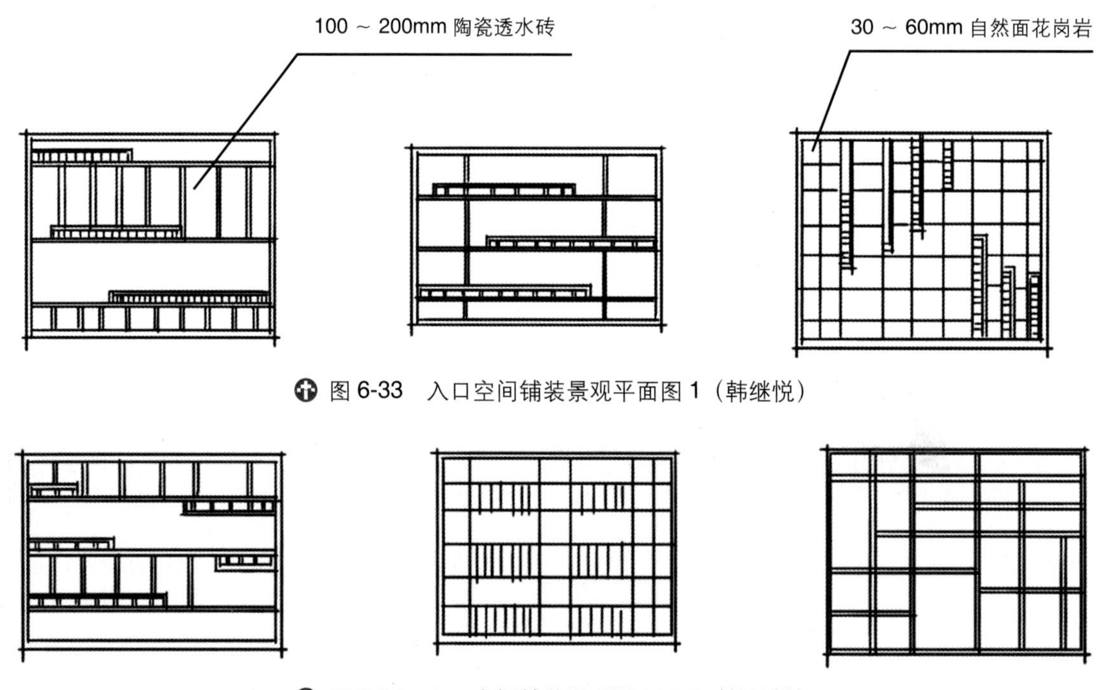

图 6-33　入口空间铺装景观平面图 1（韩继悦）

图 6-34　入口空间铺装景观平面图 2（韩继悦）

除此之外，在表现时还应关注图案元素的重复性与节奏感。如在直线铺装的周边，可沿相同的方向绘制灯光装置、花带和座椅等其他景观要素，不仅使得材质更加丰富多样，同时平行方向元素的重复出现也使得空间的引导性得到了进一步增强。然而，过多相同方向元素的重复出现，也会使得空间的视觉效果变得单一、死板。因此，在表现时也可少量绘制不同方向的图案元素，做到统一中求变化，强化空间的节奏感。

景观设计中的活动空间指供人们社交互动、休闲娱乐的场所。具有多功能性和可停留性等特点。在对该空间的平面铺装进行手绘表现时，可适当丰富图案的变化方式，加强空间的趣味性，从而吸引更多的人前来（图 6-35）。

图 6-35　活动空间铺装景观平面图（韩继悦）

在活动空间的设计中，需根据活动类型，对区域进行合理的组织和划分，如设立明确的活动核心区、观众休闲区和辅助服务设施区等，以满足各类人群的使用需求。因此，在平面图中便可通过图案对铺装区域进行更进一步的划分，从而暗示各空间的使用功能。

为了进一步增强空间的趣味性和体验感，可在场所内考虑高低差的设置，如台阶、坡道等，以创造出多层次的空间，使得停留区域更加多样化。结合高差还可设置花带、跌水等景观要素。

展示空间主要包括售楼部、示范区和高档小区等。这类空间通常尺度较小，设计师需要在有限的空间内达到展示空间品质的设计目的。因此在这类空间的铺装平面图中，应着重关注细节部分的表达，从而体现空间的精致感（图 6-36 和图 6-37）。

首先在材质的选择上，展示空间通常选用高品质的铺装材料，如天然石材、艺术砖等，以传达独特的设计感。作为手绘者，应对常用的高档景观铺装材质的表示方法有一定的了解，这样在绘制平面图时才能表现得更加精准。

此外，在表现时需尤其关注对边界和过渡区域的处理。使得铺装图案与周围的环境与建筑相互呼应，凸显整体空间的协调性。常用的设计手法包括用自然的低矮植物、灌木或是碎石等来美化边界。手绘者在绘制过程中，可根据图纸的比例来选择对上述部分细节进行展现，使得不同界面之间的界线更加分明。

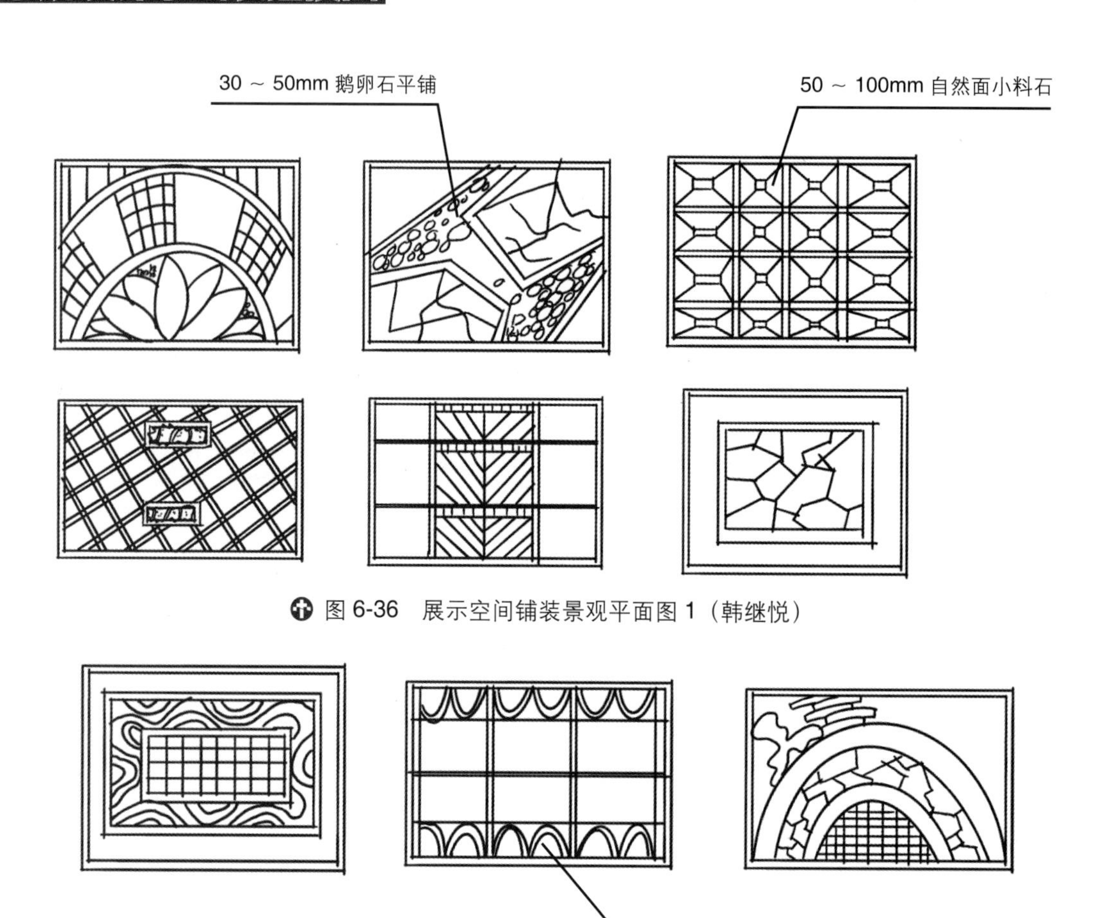

图 6-36　展示空间铺装景观平面图 1（韩继悦）

图 6-37　展示空间铺装景观平面图 2（韩继悦）

最后在图案样式上，可多运用精美的几何图案和自然纹理，并将多种材质进行巧妙地组合与拼贴，形成具有独特视觉效果的铺装设计，为展示空间增添创意元素。

6.3.2　效果图中铺装与道路的绘制要点

在景观手绘效果图中，道路与铺装结合，共同形成场所内部的交通空间。在表现过程中需注意高低、宽窄对于铺装的影响。同时在景观设计方案中，道路铺装可能会与周边的公共设施或植物等元素融合为一体，并且还需要考虑到透视等各类元素。因此总体而言，道路与铺装的表现较为复杂，手绘初学者可针对透视关系、不同材质的效果表现技法和铺装周边环境绘制等内容进行专门的训练。

在对木栈道进行线稿表现时，首先需确定好远近和透视关系，可通过画出水平线和透视线来辅助构图。此外，木栈道的质感细节十分丰富，可以使用交叉线条和阴影来更好地表达木质纹理（图 6-38）。

在对木栈道进行上色时，需适当控制颜色的饱和度，可选用棕色、灰色、绿色等颜色来更好地表现其自然感（图 6-39）。

当对石材铺装的线稿进行绘制时，可根据石头自身的特点，采用分面刻画的方式进行表现。在对石头的亮面进行表现时，要适当加快运笔速度，保证线条干脆、坚韧。刻画石头的暗面时则要放缓运笔速度，线条相较于亮面更粗、更厚（图 6-40）。

石头的明暗交界处是表现的重点部分，在对暗面进行排线时要保持整体的协调，并可在部分区域点缀碎线、点等纹理细节，增强节奏感。

图 6-38　木栈道线稿表现（田文鑫）

图 6-39　木栈道上色表现（田文鑫）

在使用马克笔对石材铺装进行上色时，首先需要根据光源的方向，使用浅色绘制受光面，确定图面的整体基调，再使用重色对背光区域进行涂抹。在表现时应遵循近实远虚的原则，在对近侧石头的表面上色时，还应适当点缀周围环境的色彩并重点刻画暗面的阴影效果，从而增强石头的厚重感（图 6-41）。

图 6-40　石材铺装线稿表现（田文鑫）

图 6-41　石材铺装上色表现（田文鑫）

6.4 景观小品

6.4.1 平面图中景观小品的绘制要点

景观小品具备较高的装饰性和功能性，不仅可以丰富人们的游憩体验，为空间创造特定的氛围和个性，同时还具备诸多实际功能。如亭子、座椅和花架等小品能够满足人们休闲、遮阳的需求，而标识牌等小品则可以作为导向元素，引导人们探索和发现空间，使得景观空间更具有趣味性（图 6-42～图 6-45）。

图 6-42　景观小品实景图 1（李文龙）

图 6-43　景观小品实景图 2（李文龙）

图 6-44　景观小品实景图 3（李文龙）

图 6-45　景观小品实景图 4（李文龙）

在绘制景观小品时，既要关注小品本身的细节内容，也要把握好其在更大的空间场景中所扮演的角色。通过巧妙地将景观小品融入手绘作品中，便可以创造出更加栩栩如生、身临其境的场景。

景观小品的种类较为多样，因此本节将重点对亭和廊两大最为常见的景观小品的平面表达方法进行介绍。手绘者在掌握了这两类常见景观小品的平面表现方法后，可尝试绘制其他不同类型的景观小品平面图。

常见的中式景观亭包括四角亭、六角亭和八角亭等，其基本形态均是由多边形演变而来的。手绘者在画相对较复杂的六角亭和八角亭时，可先在图纸上绘制小圆点来确定多边形的整体结构，之后再将相邻的点相连形成完整的图形。这样可以使得亭子的比例更加精准。

在确定亭子的外形轮廓后，可将其相对的顶点进行连线，表现出亭子的屋脊。最后根据光源所在的位置，在靠近阴影一侧的亭子内部排线（图 6-46）。

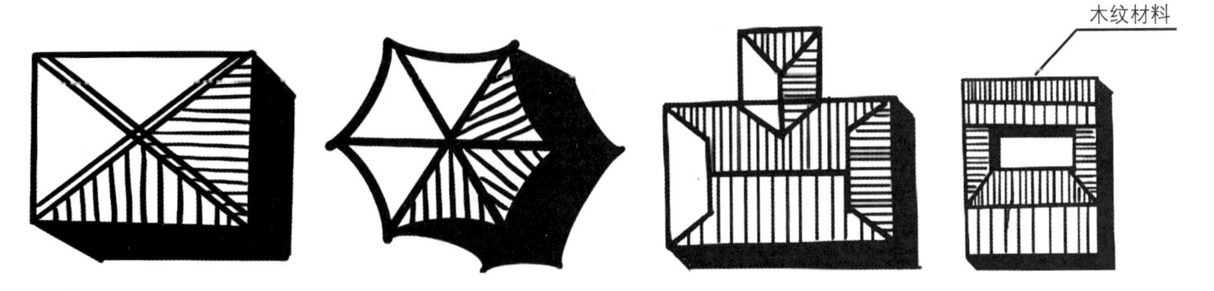

图 6-46 中式景观亭平面手绘表达样例（韩继悦）

现代景观亭相较于传统的中式景观亭而言，形式更为多样，常见的有圆形景观亭、三角景观亭等。在表现时可沿其一侧或是两侧绘制小圆点，表示柱子等结构构件。此外，还可在亭子内部添加图形来体现局部的镂空，使其更富有趣味性（图 6-47）。

图 6-47 现代景观亭平面手绘表达样例（韩继悦）

中式廊架形状较为规则，以长方形为主。在表现时同样需要先画出其外轮廓，然后在中间区域用双线表示廊架的屋脊部分，最后根据阴影的方向在其内部进行排线。注意暗面的排线较为密集，亮面的线条则稀疏一些（图 6-48）。

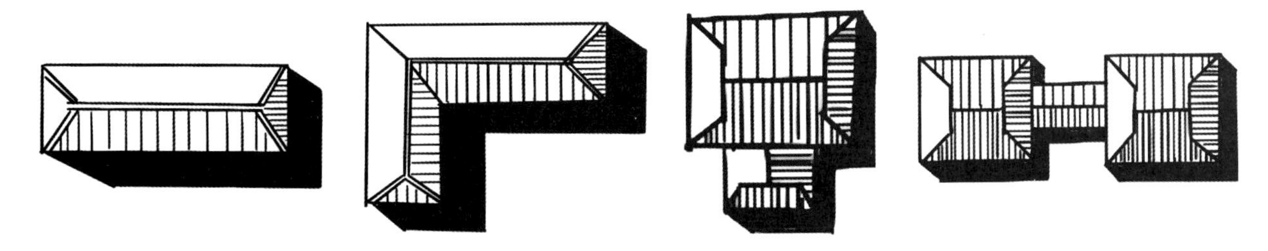

图 6-48 中式廊架平面手绘表达样例（韩继悦）

现代廊架通常采用更加简约的设计风格，线条流畅、干净利落，减少过多的装饰和雕琢。在材质选择上呈现出多样化的特征，常见的有金属、玻璃等（图 6-49）。

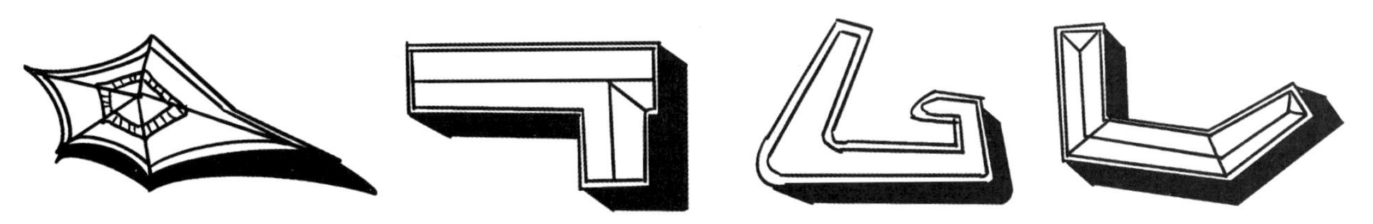

图 6-49 现代廊架平面手绘表达样例（韩继悦）

6.4.2 效果图中景观小品的绘制要点

在绘制景观小品时尤其要注意线条的表达和整体的比例结构、透视关系。若是直线可借用尺规等画图工具，从而画出更加工整严谨的线条。若小品为曲线造型则以徒手绘制为主，在画的时候应力求线条干净简洁（图 6-50）。

图 6-50 景观小品线稿效果表达（田文鑫）

在绘制中式廊架时，可先根据尺寸要求，用直尺和铅笔在纸上勾勒出廊架的形状。之后用钢笔或针管笔画出廊架的大致结构，包括框架和梁柱。建议手绘者采用较细的笔尖来绘制，如 0.5mm 或 0.3mm，以便在绘制细节时更加灵活（图 6-51）。

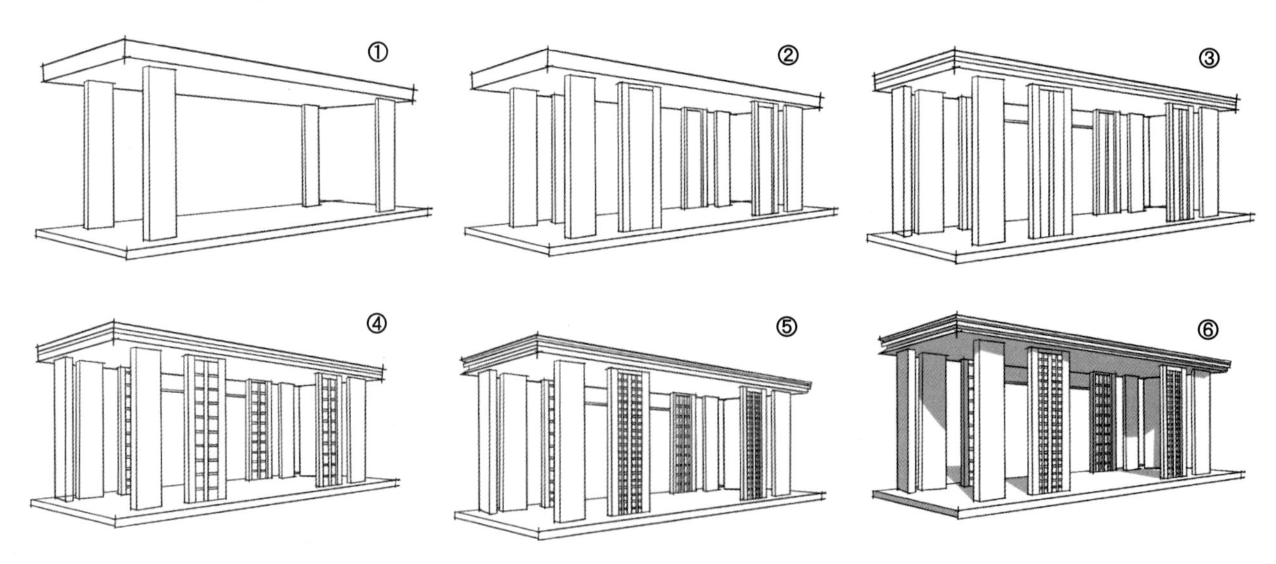

图 6-51 中式廊架线稿表达步骤（韩继悦）

新中式风格的廊架造型较为简洁，通过对常见的几何形体的排列组合，给人以独特的线条美和造型美。在表达过程中不能过分拘泥于细节处的刻画，而是要从整体入手，思考其是如何由常见的几何形演变而来（图 6-52）。

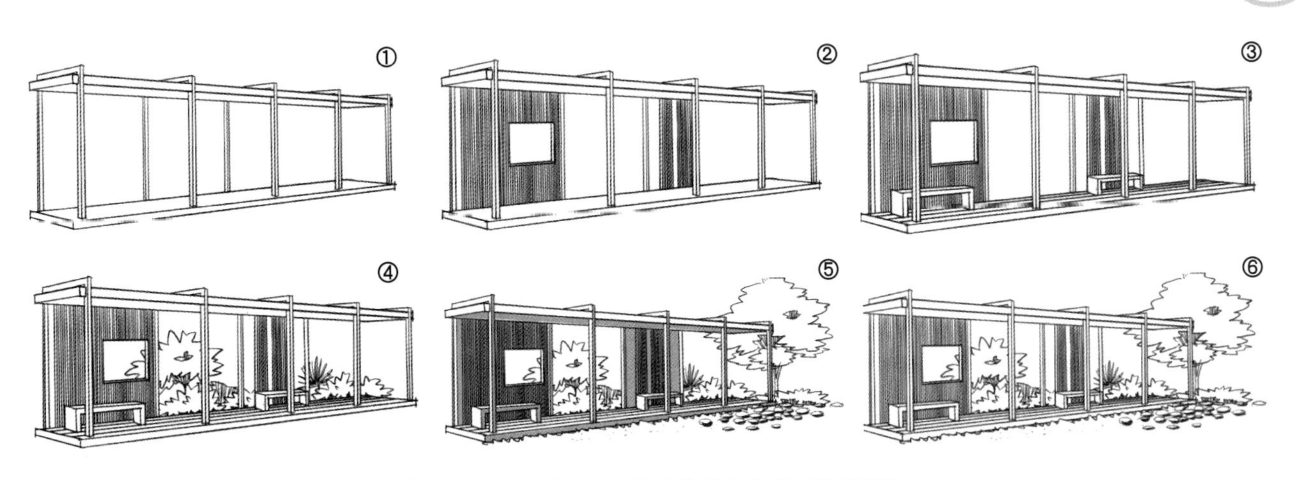

图 6-52　新中式廊架线稿表达步骤（韩继悦）

绘制景观亭时可先用钢笔或针管笔在画纸上绘制其轮廓线。开始时，使用轻柔的笔触，不要施加太多压力。之后再使用细的针管笔添加细节，如栏杆、屋檐、屋顶瓦片等。对于细节需要小心地绘制，以确保它们与整体和谐统一（图 6-53）。

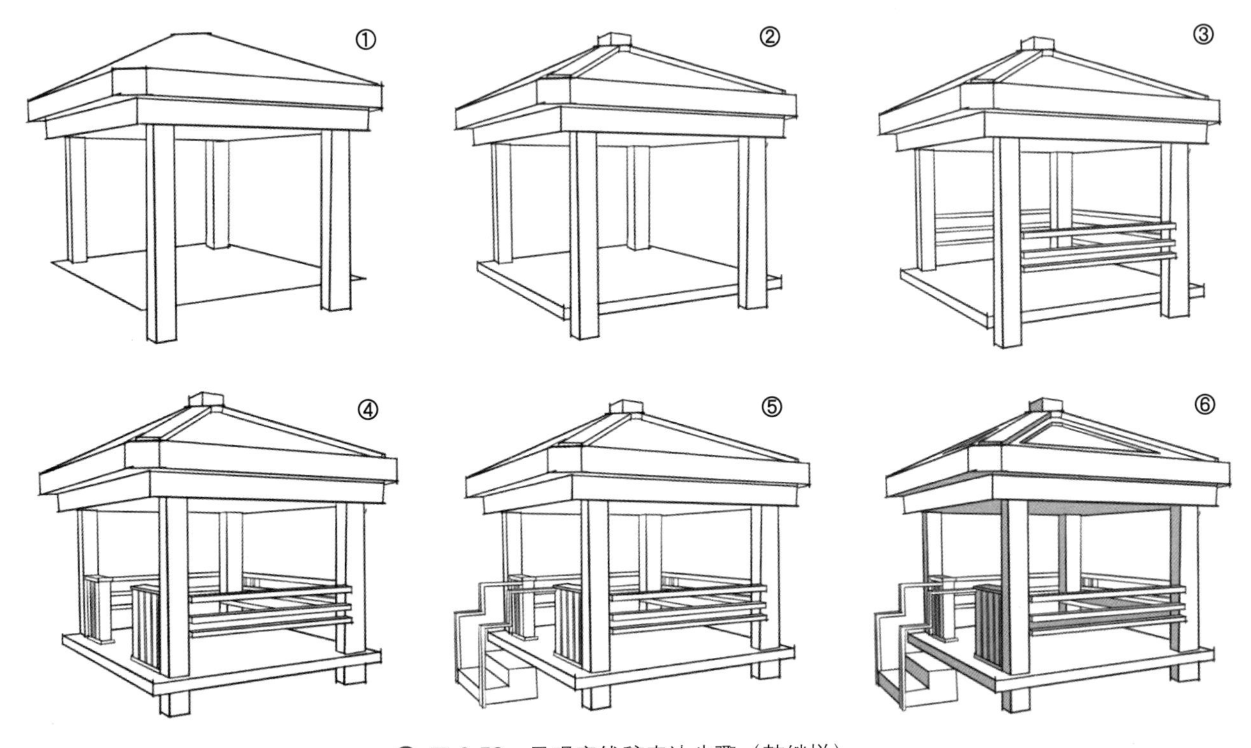

图 6-53　景观亭线稿表达步骤（韩继悦）

手绘者在刻画景墙时，首先要注重线条的流畅性和自然感，其次要注重细节的精致和传统元素的融入。此外，景墙尤其应关注空间的层次和灵动感。在绘制时要注意景墙与周围环境的协调与衔接，使其与建筑物相得益彰（图 6-54）。

落地景观灯往往被设置在花园、公园等室外环境中，在绘制时要注意景观灯与周围环境的协调与衔接，使其与周围环境相得益彰。

除此之外，沿路设置的落地景观灯往往是成对设置的，因此在绘制时要遵循左右对称的原则，使整个画面更加平衡（图 6-55）。

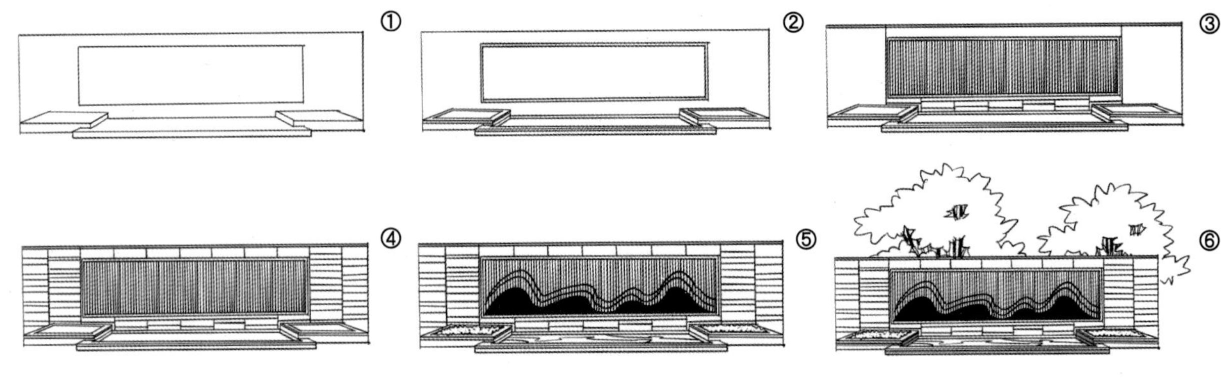

图 6-54　景墙线稿表达步骤（韩继悦）

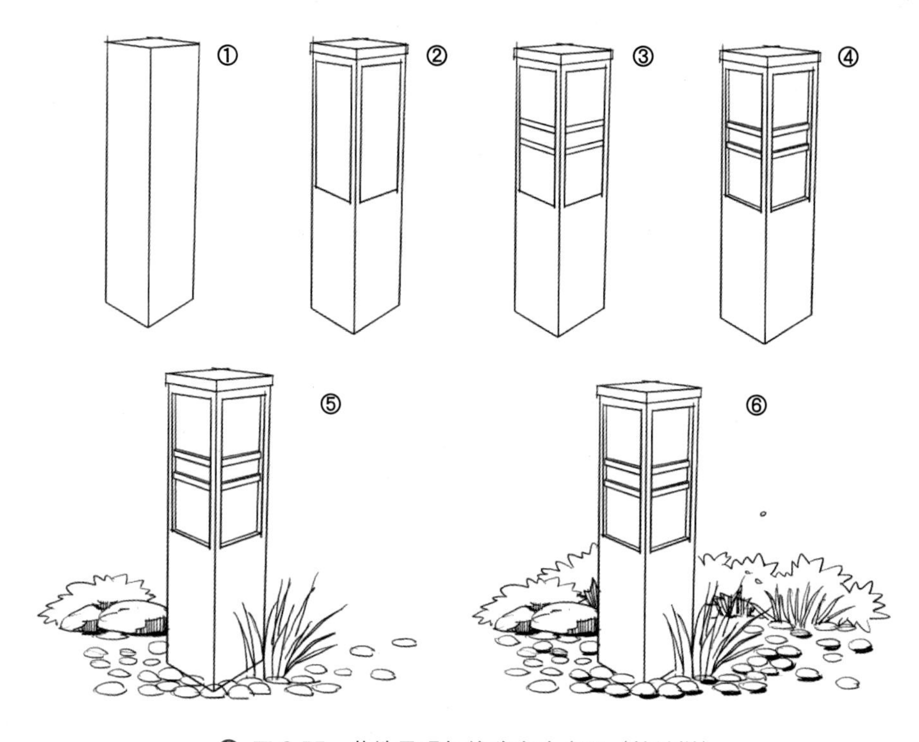

图 6-55　落地景观灯线稿表达步骤（韩继悦）

在使用马克笔上色时，应着重表现空间的明暗关系变化（图 6-56～图 6-61）。当熟练掌握了景观小品的小场景绘制后，可尝试画一些更加复杂的景观小品，并适当增加图面的表达细节，从而使得画面更加生动活泼（图 6-62 和图 6-63）。

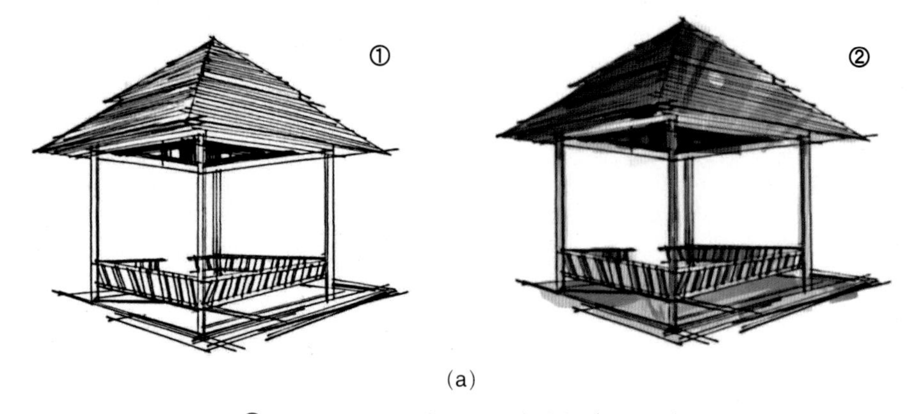

(a)

图 6-56　景观小品上色表达 1（田文鑫）

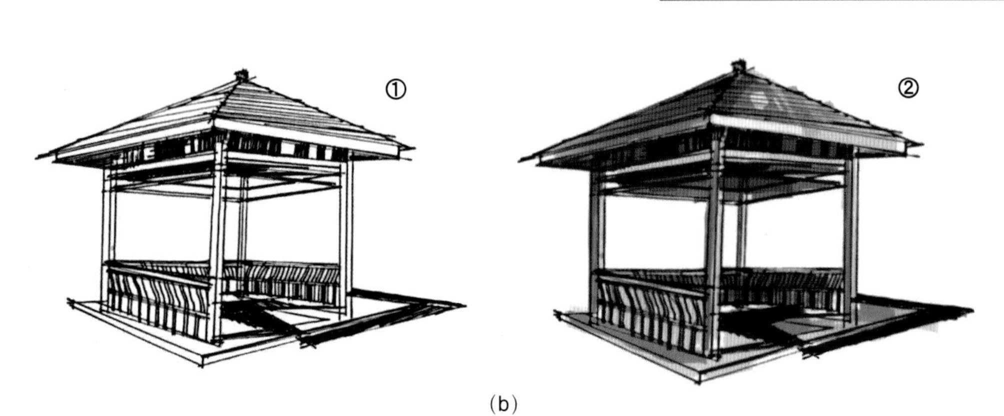

(b)

图　6-56（续）

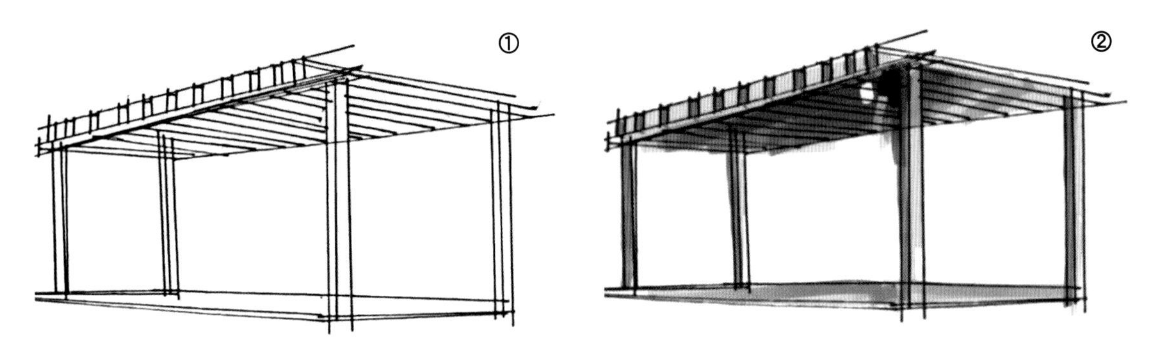

图 6-57　景观小品上色表达 2（田文鑫）

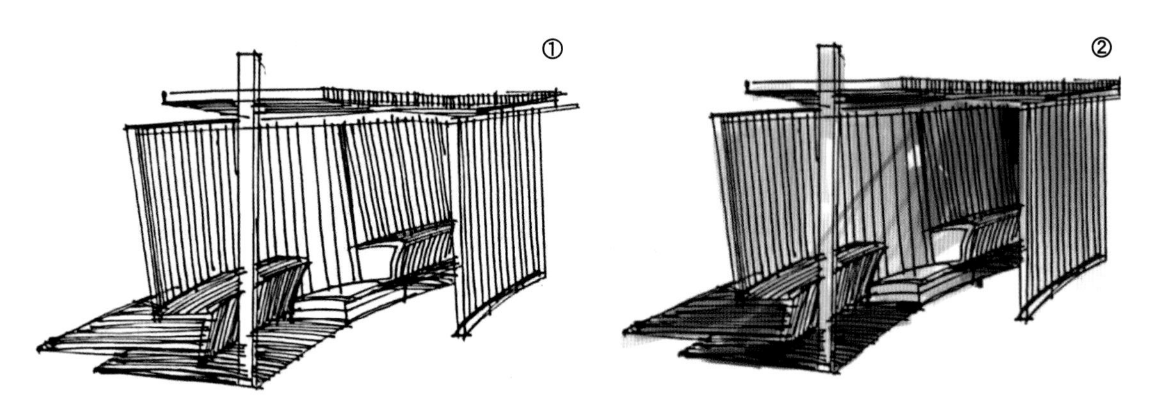

图 6-58　景观小品上色表达 3（田文鑫）

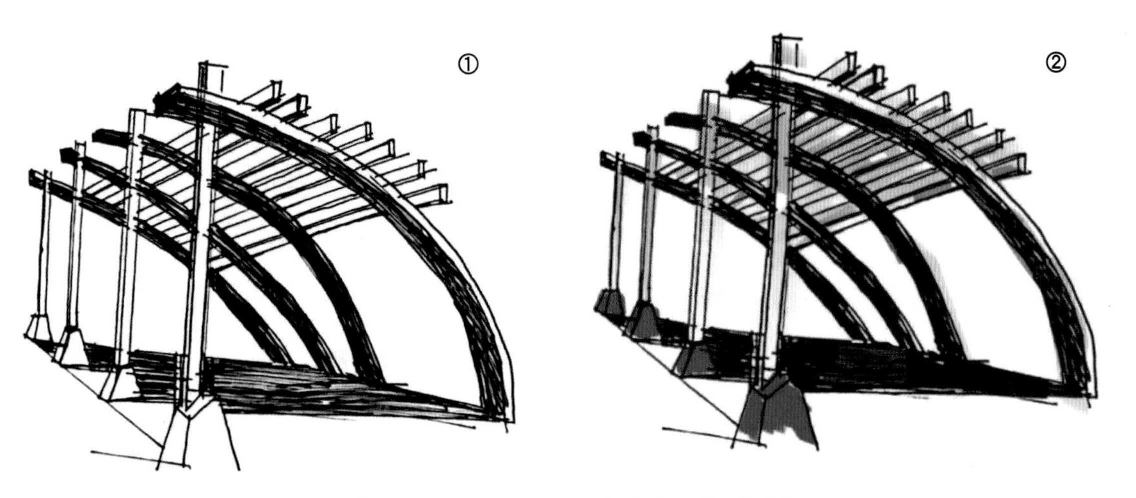

图 6-59　景观小品上色表达 4（田文鑫）

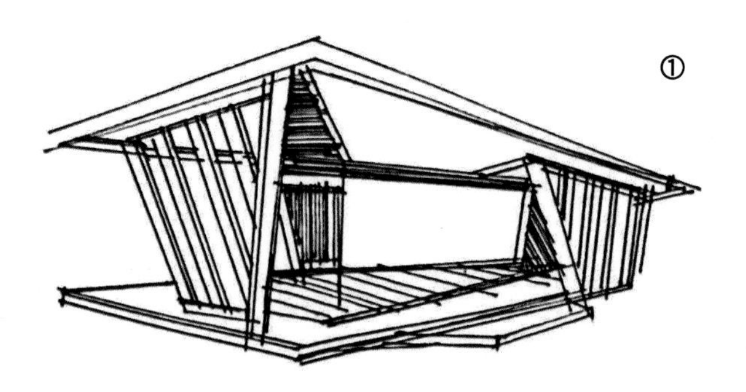

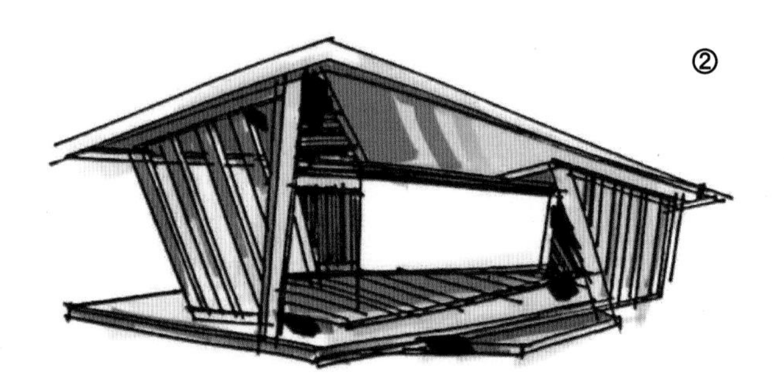

图 6-60　景观小品上色表达 5（田文鑫）

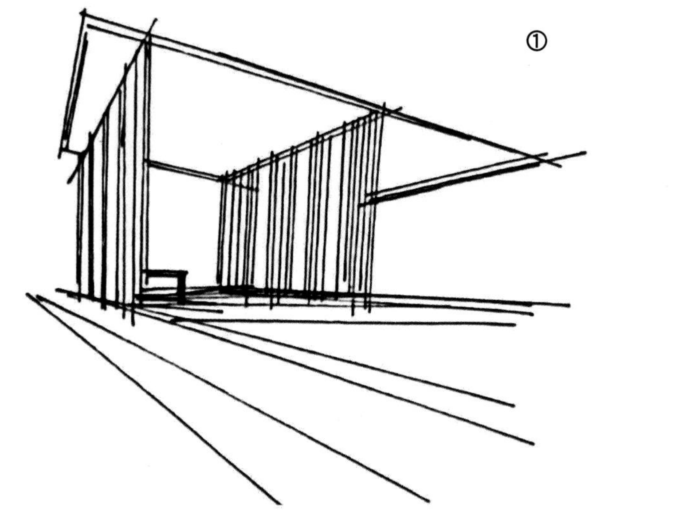

图 6-61　景观小品上色表达 6（田文鑫）

图 6-62　景观小品效果图 1（田文鑫）

图 6-63　景观小品效果图 2（田文鑫）

6.5 山　石

6.5.1 山石元素的总体绘制要点

手绘练习者在用钢笔或针管笔绘制山石前，要先对其进行仔细观察，了解其形态和特征。例如，观察一块石头，首先需要关注其整体形态、大小、几何形状等方面的特点，其次关注它的表面质感、纹理和颜色等。只有通过充分的思考和理解，才能更好地对其进行手绘表现（图 6-64）。

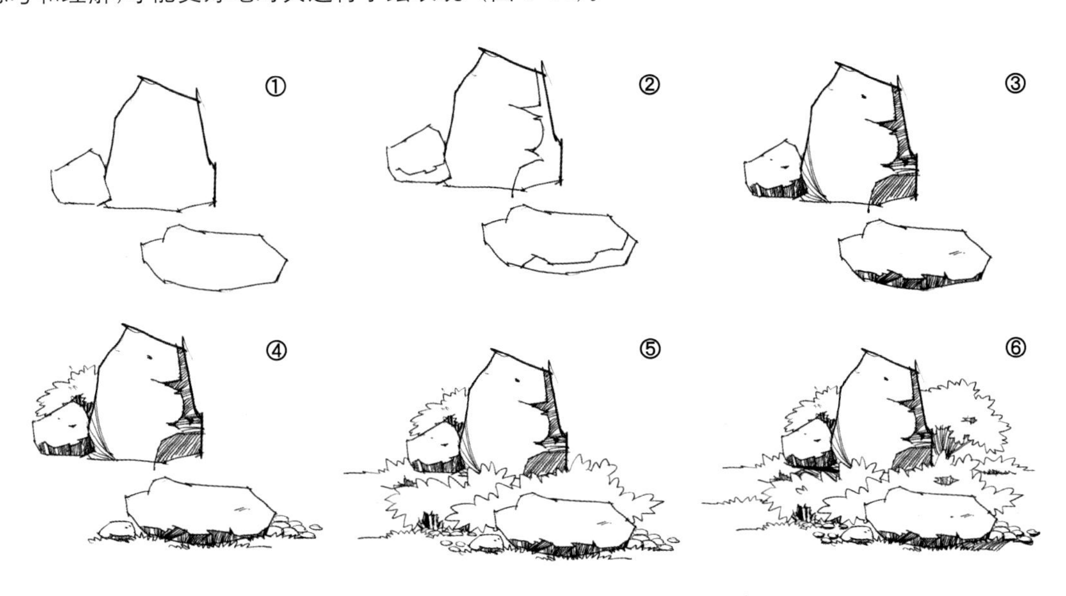

图 6-64　山石手绘步骤图解 1（韩继悦）

6.5.2 山石元素的绘制步骤

在绘制石头之前，需要先确定石头的形状。可以用轻柔的笔触勾勒出整块石头的大致轮廓，然后用更细的笔触逐渐描绘出石头的棱角和边缘。如果石头表面有凸起或裂缝，也需要加以表达。在描绘过程中，需要注意不要用过重的笔触，以免之后难以修正（图 6-65）。

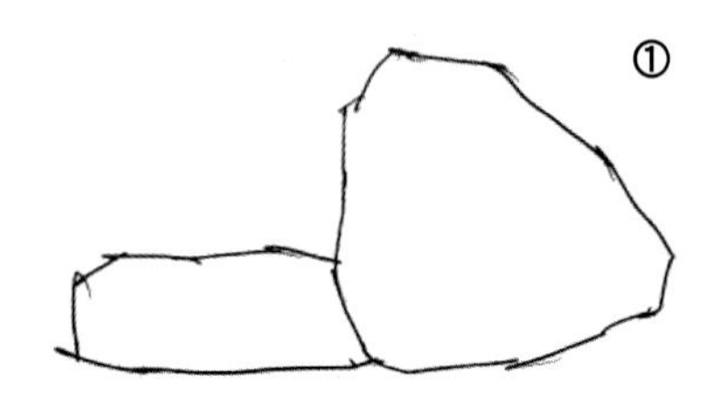

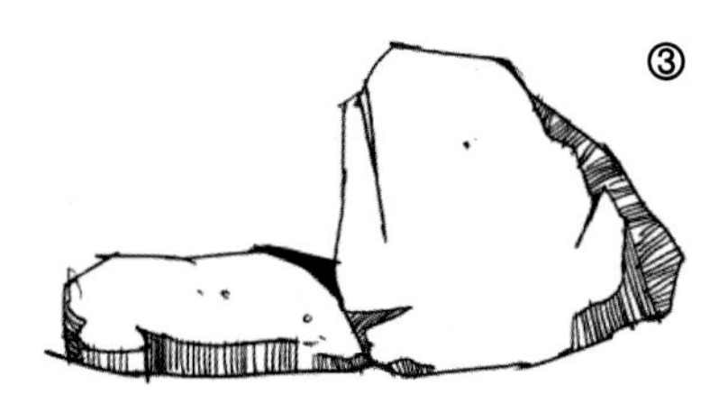

图 6-65　山石手绘步骤图解 2（韩继悦）

此外，石头的质感主要是指它的表面纹理和粗糙度，通常是由岩石成分和天气侵蚀等自然因素所形成的。为了刻画出石头的质感，可以用交错的线条来描绘石头的纹理和纹路。对于比较粗糙的石头，可以使用更密集的笔触来加强表现效果。

为了增强石头的立体感，需要创造出阴影效果。手绘者可在石头的侧面或底部使用交叉的直线和斜线来强化明暗关系。阴影程度可根据光源的方向和石头的角度来决定（图 6-66）。

图 6-66　山石手绘步骤图解 3（韩继悦）

最后，还应注重对山石周围环境的刻画，如适当点缀灌木和地被植物等。可根据山石的形状和光影关系来选择灌木的位置。一般来说，灌木会生长在山石的周围或者阴暗处（图 6-67 和图 6-68）。

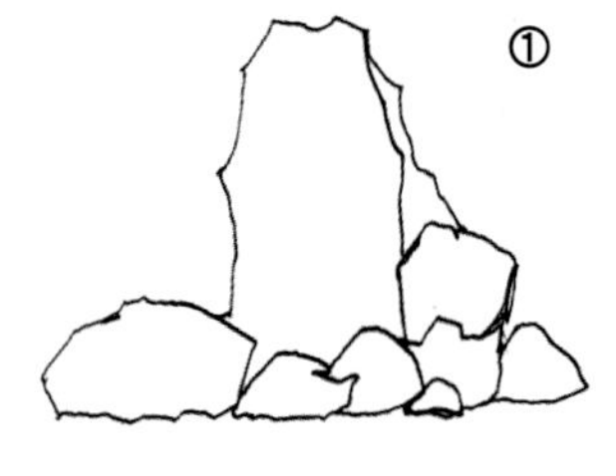

图 6-67　山石手绘步骤图解 4（李文龙）

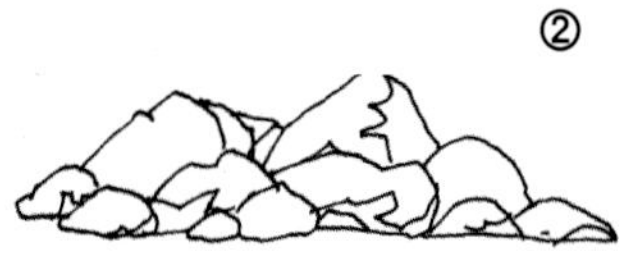

图 6-68　山石手绘步骤图解 5（李文龙）

6.6　人　　物

6.6.1　人物元素的总体绘制要点

在景观设计手绘中，人物也是十分重要的组成元素。在一幅图面中人物通常可以起到烘托氛围的作用，暗示场地预期达到的使用效果。同时，人物也是用来衡量比例大小的重要参照物（图 6-69 和图 6-70）。

图 6-69　人物手绘步骤图解 1（李文龙）

图 6-70　人物手绘步骤图解 2（李文龙）

若人物在整幅图面中仅作为配景出现，则在绘制时可适当简化，表现出其基本形态和外部轮廓即可，不必过于写实，从而更好地突出画面主景，做到主次分明（图 6-71～图 6-76）。

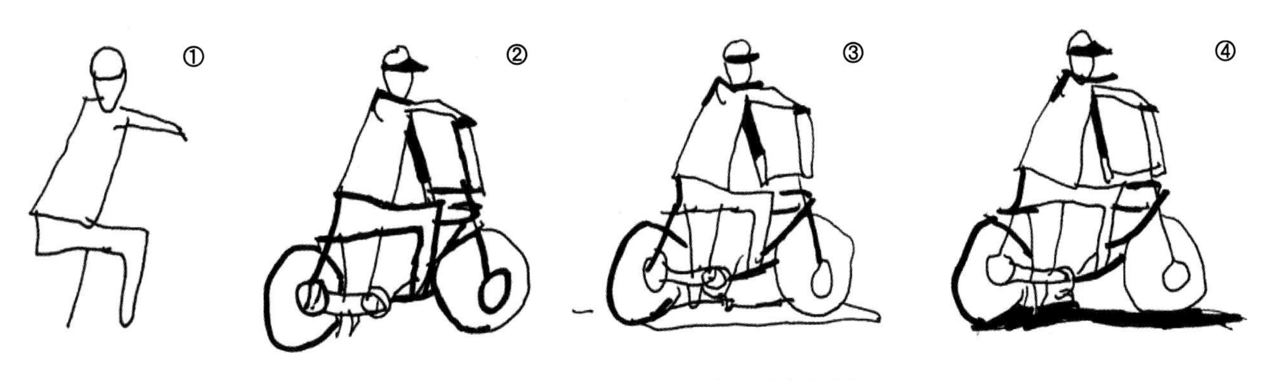

图 6-71　人物手绘步骤图解 3（李文龙）

图 6-72　人物手绘步骤图解 4（李文龙）

图 6-73　人物手绘步骤图解 5（李文龙）

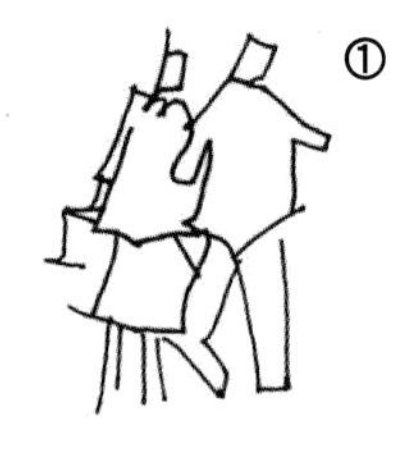
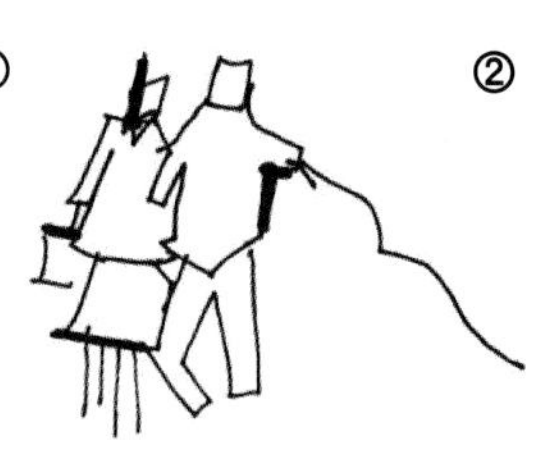
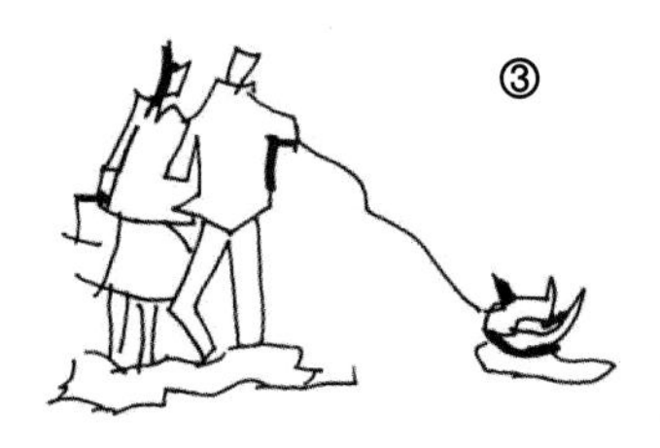
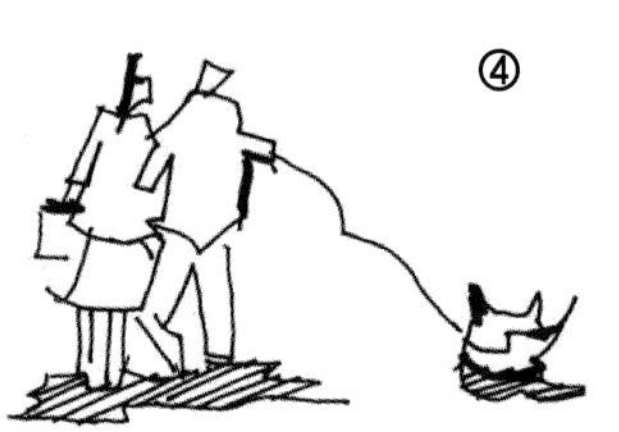

图 6-74　人物手绘步骤图解 6（李文龙）

图 6-75　人物手绘步骤图解 7（李文龙）

图 6-76　人物手绘步骤图解 8（李文龙）

6.6.2　不同类型人物的差异化表现

如果人物在整幅图面中占据主要位置，且对场地氛围烘托或是设计主题的体现发挥着十分关键的作用，此时则应对人物进行详细的描绘和刻画，包括人体比例、衣着服饰、动作和姿态等（图 6-77）。

图 6-77　人物手绘步骤图解 1（韩继悦）

在人体比例方面，一般而言女性通常为 6 个头的高度，而男性则为 7.5 个头的高度。不过需要注意的是，这只是一个大致的比例，具体的比例可能会因人而异。

不同年龄段的人群衣着风格往往也会有所不同。例如，年轻人可能更偏向于时尚、前卫的服装；而中年人可能更偏向于稳重、简洁的衣着；老年人可能会偏向于穿着舒适、保暖的衣物，例如毛衣、长裤和平底鞋；而对于儿童，则可以通过绘制色彩鲜艳、图案可爱的衣物来进行展现（图 6-78）。

图 6-78　人物手绘步骤图解 2（韩继悦）

在景观设计手绘中，有时还可通过表现人物衣着的不同来区分不同活动场所的人群。如在园区绿地或是单位附属绿地内，使用人群大多在附近工作，人们可能会穿着正装或是职业装；在社区公园或是街头游园内，人们则可能会穿着更加舒适和休闲的衣物，例如 T 恤、牛仔裤或是运动鞋。

除了人体比例和衣着服饰上的不同之外，在手绘表现中还可通过对身体的结构进行更为详细地刻画来区分不同的人群。如女性一般骨架较小，肩部与胯部同宽。在线条刻画上不应过于锋利，而是以自然流畅为主，给人以柔和之感（图 6-79）。

而男性相较于女性，一般身材都更为高大，肩部也更为宽阔。在线条的表现上应更为硬朗，给人以棱角分明之感（图 6-80）。

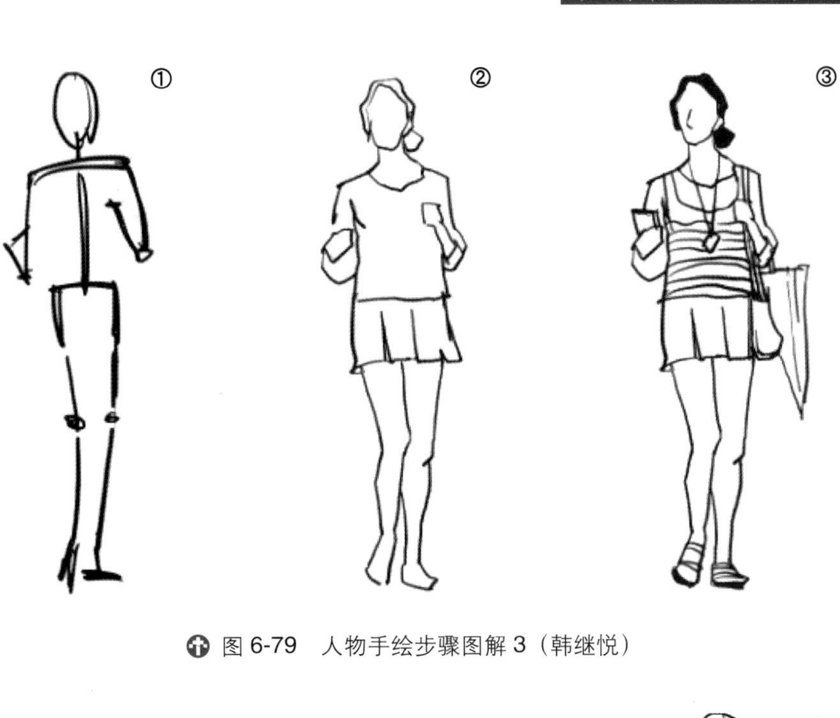

图 6-79　人物手绘步骤图解 3（韩继悦）

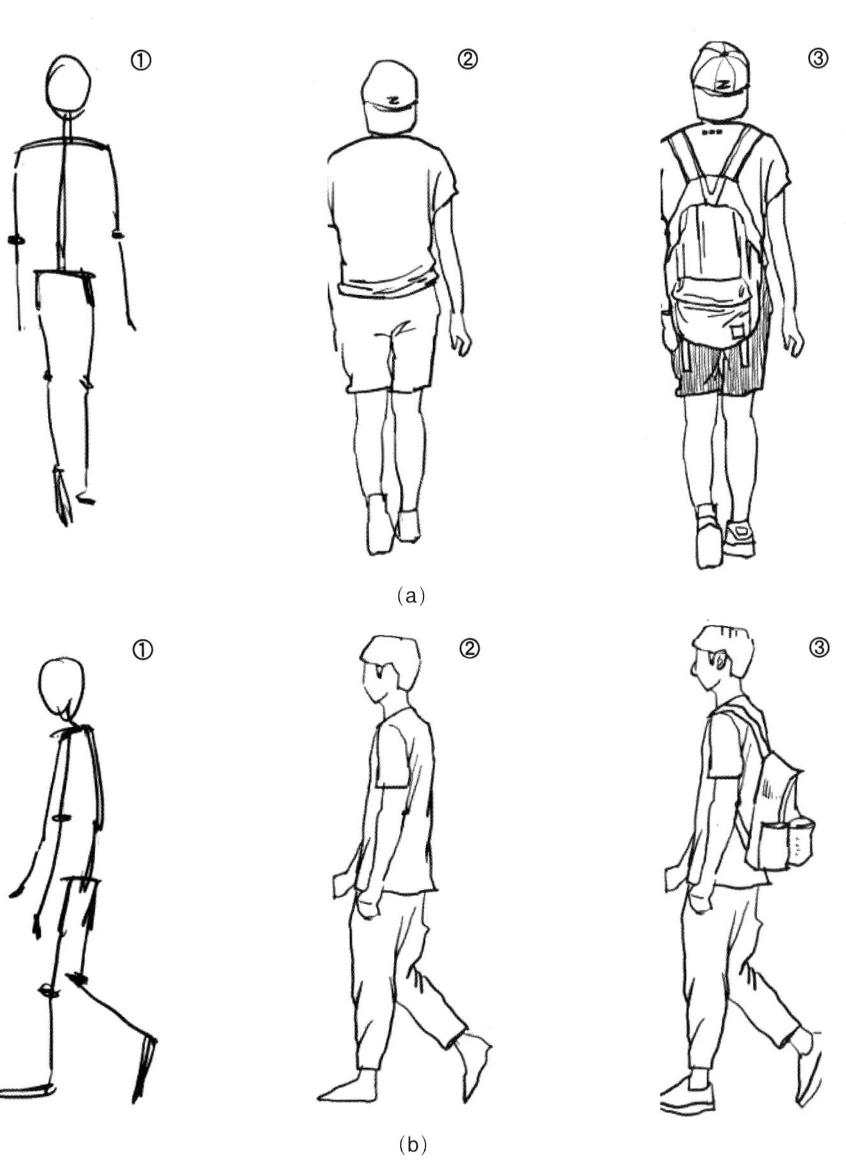

图 6-80　人物手绘步骤图解 4（韩继悦）

第 7 章
景观设计典型场景手绘表达

7.1　不同类型场景表达步骤

在景观手绘中，常涉及对不同类型的场景进行手绘表现，常见的有校园景观、公园景观、广场景观、居住区景观和滨水景观等。在绘制不同类型的场景时，需要注意以下一些通用的要点和注意事项。

（1）注意透视关系：手绘作品需要有透视感，绘制时应注意远近关系、相对大小和视点等要素，使得作品更具有立体感和层次感。建筑物的线条应遵循其对应的透视点，树木的高度应该符合实际比例。视角要合理，与主题相符。在绘制前可以手绘一些草图和布局设计，以便更好地掌握场所的比例和形状。

（2）细节表现：景观手绘需要注重表现细节，如建筑的门、窗、植物的叶片、花朵和枝干等。在细节的表现过程中，线条要流畅，不同元素之间布局整齐、不冗杂。

（3）色彩表达：手绘作品色彩的整体风格应确保统一、和谐，在绘制时需遵循一定的先后顺序，如先画天空等自然景观，后绘建筑物及其他人工建成景观。在初步上色的基础上还可根据实际情况调整颜色的深浅、亮度、饱和度等。

（4）周边环境的表现：在景观手绘作品中，需要注意绘制周边的环境元素，如街道、其他建筑、水系等。周边环境应与主体画面相衔接，构成作品中的视觉引导线。同时如有需要，手绘作品中可以适当点缀人物，增加画面的趣味性和情感色彩。绘制时既要注意人物一般的体态、比例、曲线美和表情，也要注意符合当前场景的主题和风格。

综上所述，这些通用的要点和注意事项对于手绘场景的表现起到了很重要的作用。绘制时需要注重考虑各种要素之间的关系，以达到整体和谐的视觉效果，从而更好地表现出手绘作品的艺术价值。

7.1.1　校园景观

校园景观主要的使用人群为在校学生、教职工及其家属、访客等。一个良好的校园景观不仅可以为师生创造优美、宜人的学习环境，还能彰显每个学校独特的校园文化，成为学校的一张亮丽名片，增强师生的归属感（图 7-1 ~ 图 7-4）。校园景观设计须对不同校园的办学历史、校园文化等进行相关调研，以求满足相关的设计内容厚度，同时也要照顾到校园空间中所涉及的不同功能分区的具体需求。

图 7-1　校园景观实景图 1（李文龙）

图 7-2　校园景观实景图 2（李文龙）

图 7-3　校园景观实景图 3（李文龙）

图 7-4　校园景观实景图 4（李文龙）

校园是人群密集的区域，因此其景观设计中重要的一点是要保证空间的可达性，以方便师生日常活动中的集散需求。正因如此，大多数的校园景观在主要路网设计时采用的大多为直线或折线构图，而非曲线，这样就可以让师生在上下课期间实现快速通行，大大地节省了时间。

1．大学校园景观

大学校园最主要的使用群体是师生，美丽的校园环境能改善学生的精神风貌和教师的工作热情。因此，大学校园的景观应尽可能满足老师和同学日常的生活和学习需求。其中包括日常交流、讨论的区域、休憩观景、静思独处的空间以及运动游玩的场所等（图 7-5～图 7-8）。

在绘制过程中，首先需根据整体环境和设计原则确定空间框架。在添加植物群落、特色小品和人物等其他元素时要做到疏密得当，避免整幅画面过于空洞或拥挤。

在手绘表达大学校园景观时，应重点表现师生在景观空间内所开展的各类活动，因此整体景观氛围基调可以温暖和谐为主。在色彩表达时可多选用暖色调的颜色，保持风格一致。

对于非重点表现的内容，在上色时可适当简略或是留白。同时也要处理好空间的明暗关系，丰富图面的体积感。

图 7-5　大学校园景观实景图 1（李文龙）

图 7-6　大学校园景观实景图 2（李文龙）

图 7-7　大学校园景观实景图 3（李文龙）

图 7-8　大学校园景观实景图 4（李文龙）

案例 1

步骤一：如图 7-9 所示，首先找出所画的一点透视中灭点的位置；其次确定图书馆建筑物与地面在纸张上的最高点与最低点的位置；最后用铅笔简单标记，对位于图面右侧的建筑物及其周边的硬质铺装进行初步表达。

图 7-9　案例 1 大学校园景观场景表现的步骤一（田文鑫）

步骤二：如图 7-10 所示，进一步用立方体快速勾画出图书馆建筑物的外部形态，确定图书馆建筑物两侧乔灌木以及种植池的位置，并用简单的圆圈勾画表示。

图 7-10　案例 1 大学校园景观场景表现的步骤二（田文鑫）

步骤三：如图 7-11 所示，开始绘制建筑物外立面的花纹，在绘制建筑物顶部的直线纹样时可通过手臂的移动来保持画笔的稳定，同时简单画出位于画面左侧的远景树，最后对建筑外侧的铺装样式用较细的钢笔或针管笔进行表达，握笔力度宜轻。

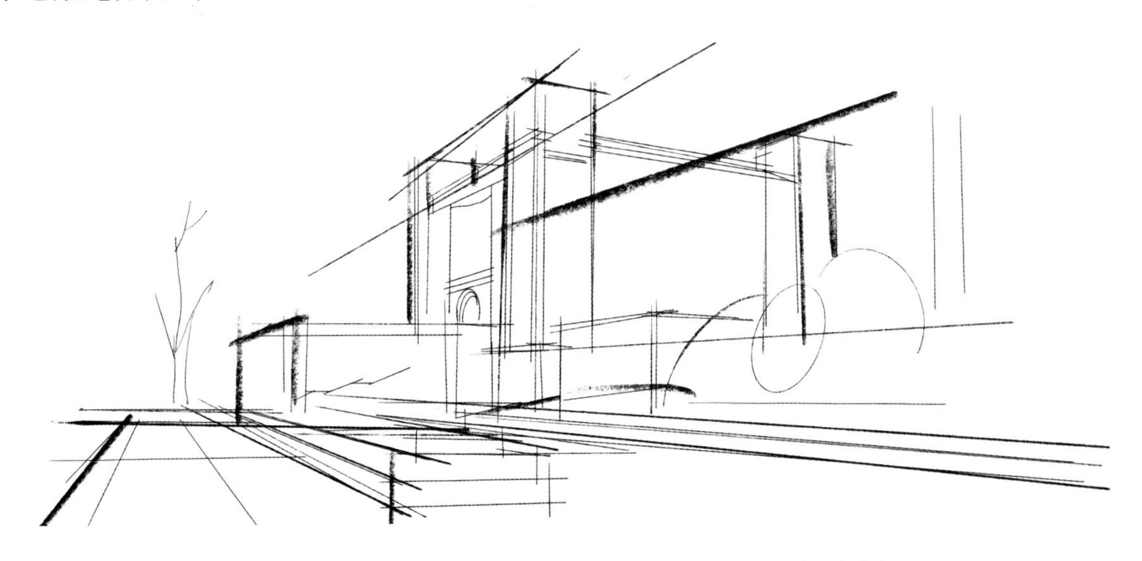

图 7-11　案例 1 大学校园景观场景表现的步骤三（田文鑫）

步骤四：如图 7-12 所示，将图书馆作为图面的中心进行细致刻画，在图书馆建筑物的外立面上遵循一定的对称原则进行增添窗户、浮雕等细节，使得图书馆整体形式看起来更加协调、精美。对于图书馆周围的植物以及铺装进行弱化处理，使用折线对图面中植物的方向和疏密的变化进行描绘。最后画出硬质铺装整体走势统一的纹理线条。

步骤五：如图 7-13 所示，使用马克笔完成图面的初步上色。大学校园景观着重展现的是年轻人的蓬勃朝气，所以在颜色选择上以暖绿色为主，图书馆建筑物以灰色为主。采用蹭笔、平涂的表现技法完成对图书馆建筑物、植物和种植池的第一遍上色。

图 7-12　案例 1 大学校园景观场景表现的步骤四（田文鑫）

图 7-13　案例 1 大学校园景观场景表现的步骤五（田文鑫）

步骤六：如图 7-14 所示，选用深色的马克笔进行色彩叠加，使得景观更富有质感和表现力。使用深棕色增强建筑物旁边树干的立体感和阴影效果。在绘制广场硬质铺装时，运用扫笔的表现技法进行留白，在运笔的过程中快速抬笔从而形成自然的过渡空间。最后选用颜色偏浅、饱和度偏低的蓝色马克笔对天空进行绘制。

案例 2

步骤一：如图 7-15 所示，首先画出主体建筑的基本轮廓，对屋顶的倾斜角度、建筑物的高度的整体比例进行正确把握。同时在建筑物轮廓的周围预留出空白区域，以便后续补充更多的细节元素。

图 7-14　案例 1 大学校园景观场景表现的步骤六（田文鑫）

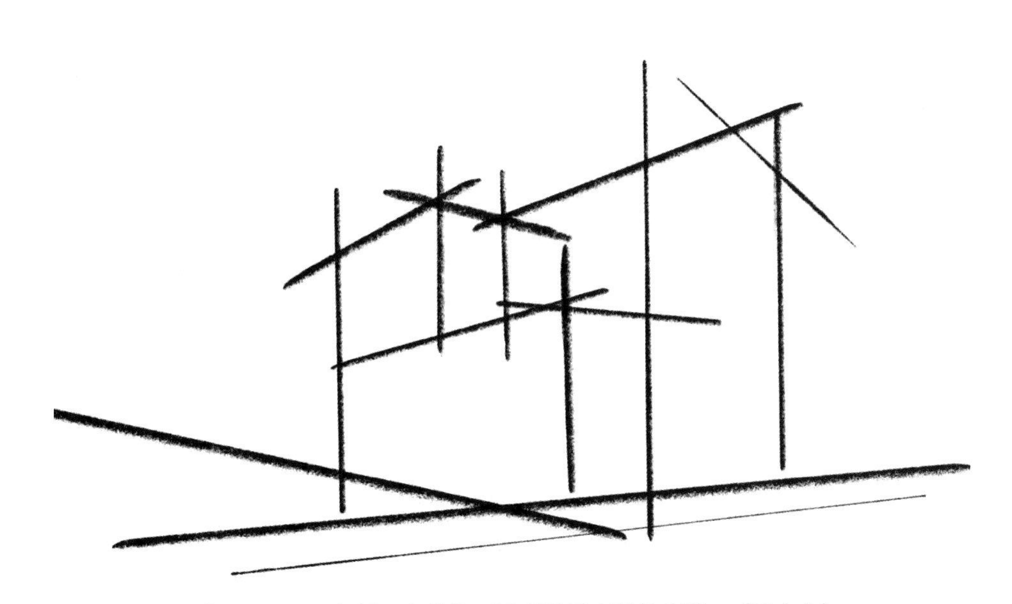

图 7-15　案例 2 大学校园景观场景表现的步骤一（田文鑫）

步骤二：如图 7-16 所示，在建筑物周边绘制植物组团，使得整体景观空间更富有层次感。先用简单的圆圈和线条来表示树冠和枝干植物之间的高低错落和相互遮挡关系，同时画出建筑物的窗户所在位置以及二层露台的栏杆。

步骤三：如图 7-17 所示，进一步对建筑物的外立面及其周边环境进行细化。首先，通过绘制连续密集的短斜线来表示木材的纹理。其次，在窗户的位置上画出窗框，在窗户轮廓中添加竖线来表示窗户的分隔并在窗户的外形上勾画出百叶窗的轮廓。最后，对位于图面左侧的乔灌木进行刻画。在勾勒完枝干的轮廓后，使用短横线在枝干上表现出树皮的纹理，增强其立体感。

图 7-16　案例 2 大学校园景观场景表现的步骤二（田文鑫）

图 7-17　案例 2 大学校园景观场景表现的步骤三（田文鑫）

步骤四：如图 7-18 所示，使用长横线和短竖线交错的纹理来对建筑另一侧的外立面进行表现，从而使得建筑物不同部位的材质刻画具有细节形态上的差异，并画出该外立面周围的乔木，对建筑物右前方近景的乔木进行细致、丰富的刻画，对建筑物后面远景的乔木进行粗略表示。

图7-18　案例2大学校园景观场景表现的步骤四（田文鑫）

步骤五：如图7-19所示，完成对建筑物及绘制座椅、道路铺装和草坪的上色。正确把握并绘制草坪中草叶的长度、弯曲度和分叉度，避免使其看上去过于统一。此外还可对草地前沿或倾斜的草叶等部分进行突出表现，增强视觉焦点和画面层次。最后要注意适当留白，不要画满每一个空缺的地方，使得画面看上去更加平衡。

图7-19　案例2大学校园景观场景表现的步骤五（田文鑫）

步骤六：如图 7-20 所示，对图面进行上色，完成效果图的最终绘制。在对主体建筑上色时，为了营造木质景观建筑物的自然感和舒适感，选用棕色、深红色暖色调的颜色。在对窗户上色时应选择浅蓝色、灰色具有透明度和光泽的颜色。

图 7-20　案例 2 大学校园景观场景表现的步骤六（田文鑫）

2．中小学校园景观

中小学校园景观是学校整体空间布局的重要组成部分，包括校园道路、操场、小花园、植物绿化和其他文化空间。它不仅能有效提高学校的对外形象，而且可以为学生、教师和其他校友提供更加宜人、舒适和优美的活动空间（图 7-21～图 7-24）。

图 7-21　中小学校园景观实景图 1（李文龙）

图 7-22　中小学校园景观实景图 2（李文龙）

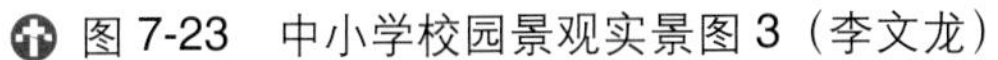

图 7-23　中小学校园景观实景图 3（李文龙）

图 7-24　中小学校园景观实景图 4（李文龙）

中小学校园景观相较于大学校园而言体量较小，因此手绘者在绘制时需尤其关注细部的处理。具体而言，首先要对学校的树木、草坪、水体等自然元素进行准确的表现，注意对植被类型、数量、颜色和尺度等细节的描绘。

另外，要注意校园内部建筑群的表现。中小学校园内的建筑主要包括教学楼、体育馆、宿舍楼、办公楼等。手绘者需清晰地展现不同建筑的外部特征、体量比例和关系，尤其要对建筑群进深、主体轮廓、门窗和局部细节等内容进行细心的刻画。

此外，人物的点缀在中小学校园景观的表现中十分重要，可包括学生、家长、教师和管理人员等角色。须注意衣着、动作、神态等细节的差异，重点呈现出热爱校园、活泼、自然的形象。

步骤一：如图 7-25 所示，在绘制线稿时，画面中构成和影响视觉效果的重点为中间的建筑物。因此首先应确定图中长方体建筑物所处的位置，并在图纸上画出其大致形态，从而确定建筑物的高度和宽度。

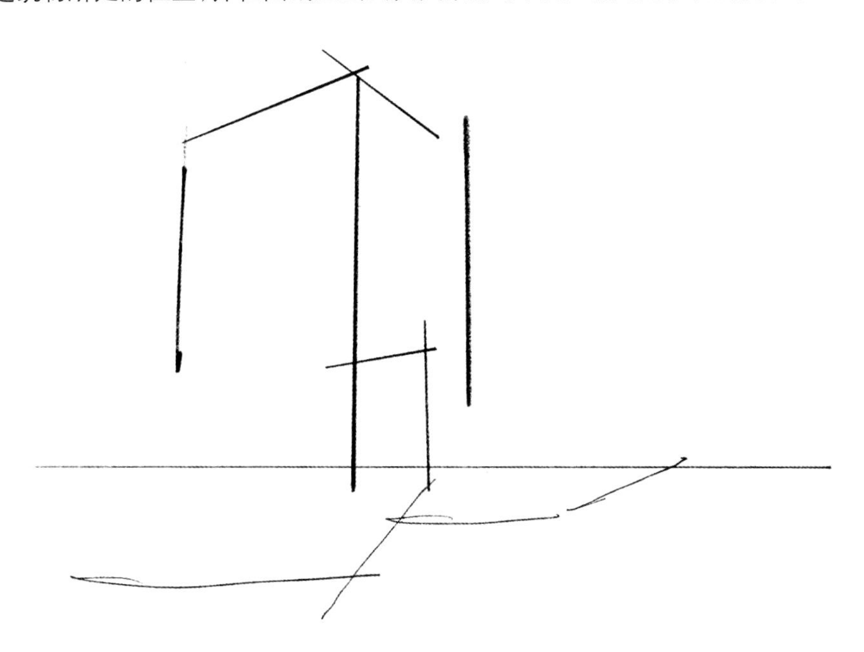

图 7-25　中小学校园场景表现的步骤一（田文鑫）

步骤二：如图 7-26 所示，对建筑周边环境进行细化。用简单的几何图案来表示植物在图面中所处的位置，并对植物之间的高低变化和相互交错用线条简单表示，营造优美的景观天际线。同时在图面右侧使用短斜线表示校园道路所处的位置。

图 7-26　中小学校园场景表现的步骤二（田文鑫）

步骤三：如图 7-27 所示，对建筑物的细节进行详细表达。在建筑物的外立面简单表示窗户所在位置，并在其内部绘制多条交错的横线和竖线增加墙面的纹理感。在绘制窗户时，重点观察其与建筑外部形态的线条之间的关系，以保证透视和比例的准确。

图 7-27　中小学校园场景表现的步骤三（田文鑫）

步骤四：如图 7-28 所示，使用折线来表达植物的枝叶形态。对树冠顶部的处理可适当简化，通过线段之间的间隙来表示受光面的留白。对于枝干与树冠的交界处则应详细刻画，并使用较粗的针管笔或黑色马克笔来表示其阴影。

步骤五：如图 7-29 所示，当线稿基本绘制完成后，开始进行马克笔上色。先用颜色较浅的马克笔进行大面积上色，确定整幅图面的主色调。再使用浅绿色对植物组团进行表现，在保持主色调的基础上，可适当添加亮色或重色，以丰富视觉观感，同时完成对窗户、天空和道路的表现。

图7-28　中小学校园场景表现的步骤四（田文鑫）

图7-29　中小学校园场景表现的步骤五（田文鑫）

步骤六：如图7-30所示，使用深色马克笔对植物组团进行细化和补充，先画出植物，并使植物颜色逐渐地完成深浅渐变，再完成对建筑物和周边景观元素的色彩表现。

图 7-30　中小学校园场景表现的步骤六（田文鑫）

7.1.2　公园景观

公园景观是景观设计中的重要组成部分，其主要的使用者为城镇居民。独具特色的公园景观不仅可以为市民提供良好的游憩、活动场所，还能够展现一个地区的历史文化或风土人情，成为独特的地标（图 7-31～图 7-34）。此外，公园还可以改善区域的小气候，缓解大气污染和热岛效应。当前，越来越多的城市倾向于设置点状的、规模较小的公园来补充城市绿化，并提升空间的活力。

图 7-31　公园实景图 1（李文龙）

图 7-32　公园实景图 2（李文龙）

图 7-33　公园实景图 3（李文龙）

图 7-34　公园实景图 4（李文龙）

公园景观的设计相较于校园景观而言选择的形式、风格可更加多元。在构图上直线、折线和曲线等都有采用，空间关系和节点设计上也较为多样。不同类型、大小、区位公园的设计风格差异较大。

1．综合公园场景表现

综合公园需要结合公园的地形环境、功能分区等确定取景构图，力求凸显设计特色。在综合公园节点景观手绘表达中，应选择公园中的某一景观或设施作为主体表现对象，运用植物和其他的景观功能作为构图中的辅助元素，主要起到烘托主体景观并增强画面感的作用（图 7-35 ~ 图 7-38）。

图 7-35　综合公园实景图 1（李文龙）

图 7-36　综合公园实景图 2（李文龙）

图 7-37　综合公园实景图 3（李文龙）

图 7-38　综合公园实景图 4（李文龙）

以画面的构图中心为主要的刻画对象，线条内容可相对细致，远处的景观内容反之，借此形成近实远虚的空间感。另外，近景处的刻画可以选择稍微选择粗一点的线条，远处的风景刻画选择细一点的线条形成对比。

上色时应把握主体景观，对主体上色应较为丰富细致，以体现出细腻的质感和光感。而周边的非主体景观可简单上色，以免使得方案主体在景观手绘表达中没有得到完全体现，造成阅图者的困扰。

同时也要根据公园的特色文化以及景观风格确定取景构图的配色，画面配色要协调，颜色比例要合理并且统一色调。上色时可以适当搭配跳色来丰富画面感，注意配色中的冷暖色的运用，以配合表现近实远虚的空间感。

案例 1

步骤一：如图 7-39 所示，先对场景中的植物和行人进行定位。此阶段使用铅笔在绘图纸上进行简单圈画即可，不必绘制具体的细节。该图为一点透视，绘图时应考虑近大远小的绘画原则，在植物配置方面，需考虑乔木、灌木、青草相结合的植物种植形式，并提前将位置标注在图纸上。可用圆形和交错的竖线来表示树冠和枝干，用椭圆形来表示人物的外形。之后再用曲线来对公园道路进行简单表示，把握好道路的弯曲弧度和宽度。

图 7-39　案例 1 综合公园场景表现的步骤一（韩继悦）

步骤二：如图 7-40 所示，按照由近到远的顺序对图面中的元素依次进行刻画。在绘制近景树时，占比较大的植物可以进行较为细致的细节刻画，如增加植物组团和分枝。刻画时要考虑植物形态的塑造，避免过于对称或不对称的极端形态。在绘制枝干时注意表现其放射状的生长形态，同时对公园道路的边缘区域进行详细表达，如可用大小不一的圆形来表示路边的石头。

步骤三：如图 7-41 所示，画出近景树下的灌木丛以及位于画面左侧的植物群落。在绘制灌木丛的同时，通过线条和高度的变化来表示不同的灌木种类，用以丰富画面中的疏密关系。还可在灌木丛周边点缀景观置石，置石多以组合形式出现，绘制时可用方向不同的短线表现石头粗糙的质感以及背光部分。同时，在其底部添加阴影时需考虑光源的统一，使石头看起来更加立体。

步骤四：如图 7-42 所示，在公园道路上点缀人物并画出草地和远景人物。在绘制人物时，近景人物可更多塑造细节，添加衣服纹理以及动作等；远景人物以表现主要形态为主。绘制的同时注意人物在姿态上要有所区别。另外增加了草坪的细节刻画，在丰富画面的同时增加草坪的肌理感。在地平线的位置添加植物群落，丰富远景空间。

图 7-40　案例 1 综合公园场景表现的步骤二（韩继悦）

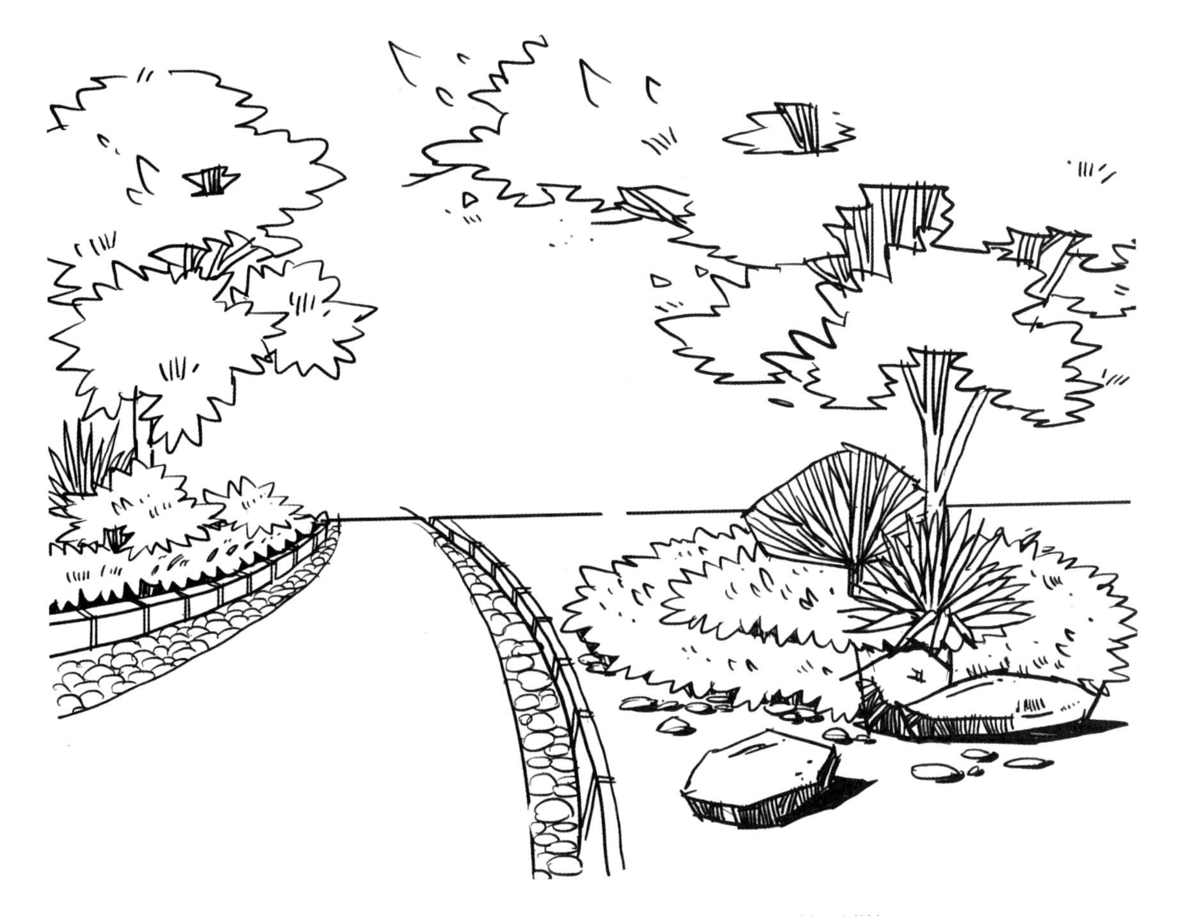

图 7-41　案例 1 综合公园场景表现的步骤三（韩继悦）

图 7-42　案例 1 综合公园场景表现的步骤四（韩继悦）

步骤五：如图 7-43 所示，完成远景植物以及构筑物的表现，在远处添加背景墙，限制空间边界的同时，也能更好地丰富空间氛围。在绘制远景植物时，可适当减少单个植物的组团，丰富高低错落的林灌线。在绘制植物群落时要注意不同植物种类和类型的组合，如可使用尖塔形的植物来表示侧柏、雪松等松类植物。

图 7-43　案例 1 综合公园场景表现的步骤五（韩继悦）

步骤六：如图 7-44 所示，补充完善公园道路铺装的纹理和细节。增加植物枝干的阴影部分，丰富画面的重色，还可通过对方向的把握来更好地体现透视关系。在绘制横线样式的铺装时，需遵循平行线汇聚的透视规律。

图 7-44　案例 1 综合公园场景表现的步骤六（韩继悦）

步骤七：如图 7-45 所示，在线稿的基础上首先完成对铺装、植物组团、远景构筑物和置石的上色。在对植物上色时，需考虑季节和气候对植物的影响，在保证主基调大致相同的前提下，使用多种颜色体现植物群落丰富的季相变化。

图 7-45　案例 1 综合公园场景表现的步骤七（韩继悦）

步骤八：如图 7-46 所示，对公园道路铺装、人物和路边石头进行上色。在对铺装上色时可使用扫笔的手法，根据光源方向从右向左轻扫，对铺装的受光面适度留白，避免整体观感太过饱满。

图 7-46　案例 1 综合公园场景表现的步骤八（韩继悦）

案例 2

步骤一：如图 7-47 所示，使用铅笔在图纸上绘制场景的基本轮廓。首先，在图面下方约三分之一处绘制地平线；其次，使用简单的线条完成对草坪、公园道路和植被绿化等不同区域的划分；最后，在图上对植物所在位置和大小形态进行确定。

图 7-47　案例 2 综合公园场景表现的步骤一（韩继悦）

步骤二：如图 7-48 所示，先画出左侧乔木周围的栏杆，并对园路的边界进行细化。之后对图面近景乔木和中景的植物组团进行细致描绘。在绘制图面左侧的乔木时可先用铅笔对树干进行定位，再使用墨线笔绘制主干，并适当调整树枝的形状和长度。在绘制中景的植物组团时则可适当简化细节，并在其周围点缀置石丰富空间层次。在绘制前景压边树时可适当增加枝干细节，丰富植物组团。

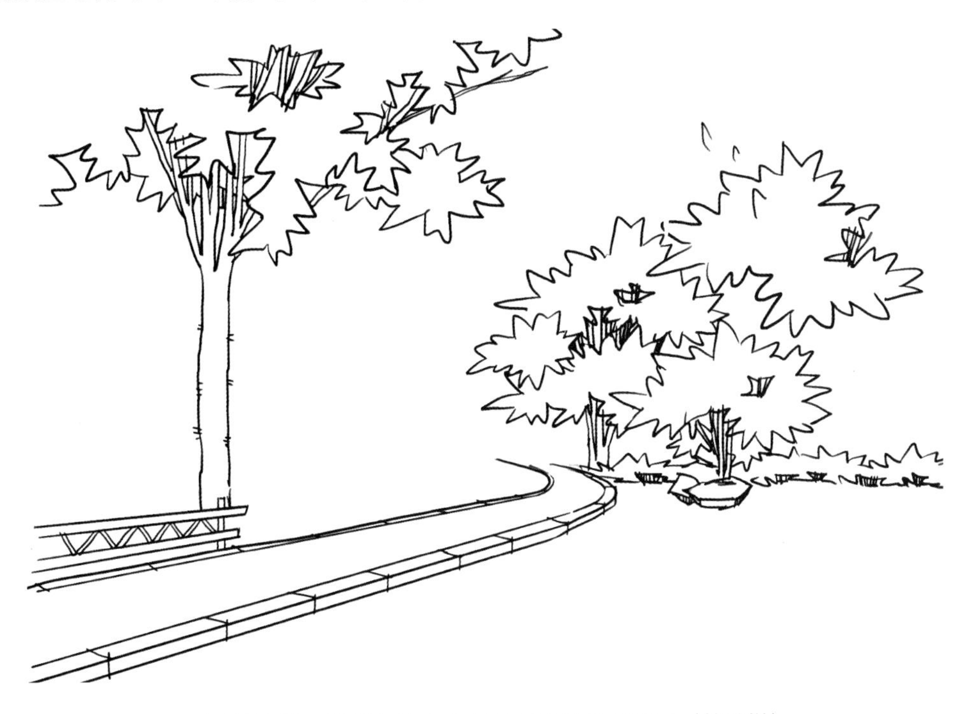

图 7-48　案例 2 综合公园场景表现的步骤二（韩继悦）

步骤三：如图 7-49 所示，完善远景的植物群落的表现。对于远景的植物，只需把握其大致的外部形态和比例尺度即可。在绘制过程中要注意植物的高低变化以及前后遮挡的关系。

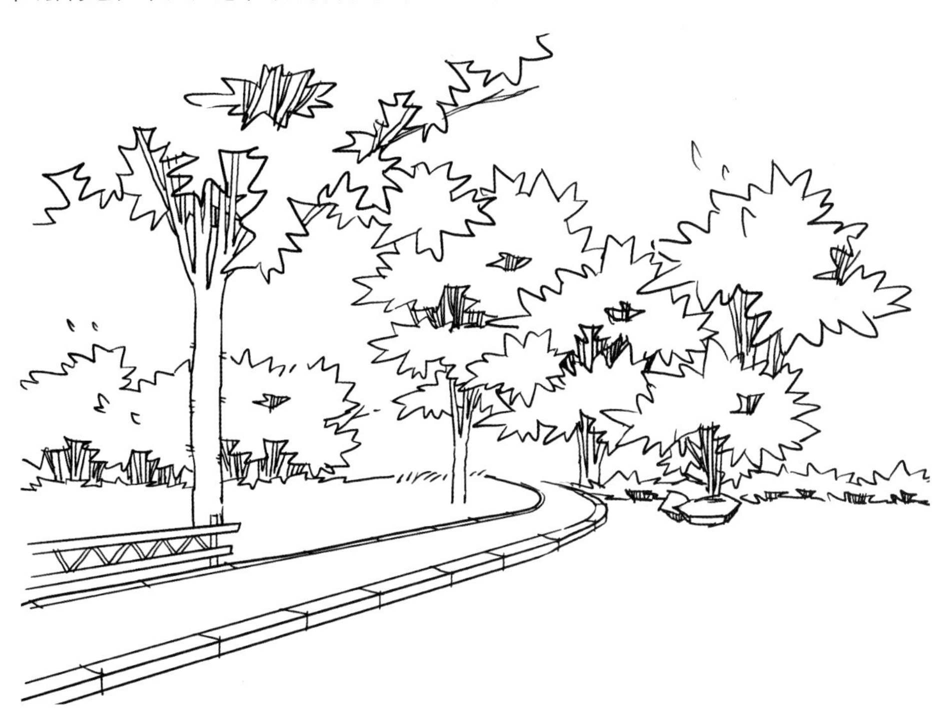

图 7-49　案例 2 综合公园场景表现的步骤三（韩继悦）

步骤四：如图 7-50 所示，继续完善植物群落的表现。在绘制右侧的灌木丛时，可在前景区域增添更多细节，如散置的小石子等，使得图面效果更加丰富。随后对园路的铺装纹理进行表现。在绘制石头的铺装样式时，要避免图案的过度重复，以免使整体观感较为机械和刻板。可对石头的外部形态进行微调，同时让每块石头之间的间隙有一定差异性，也可使园路看起来更加自然。

图 7-50　案例 2 综合公园场景表现的步骤四（韩继悦）

步骤五：如图 7-51 所示，完成对图面右侧草坪的表达。可用较细的针管笔绘制连续的细短线来突出其纹理特征，从而更好地体现出草坪的松软度和舒适感，同时还可通过添加小鸟和人物使图面更有趣味性。在画小鸟时可采用简单的几何图案来表示其头部、身体和尾巴，注意把握好各部分的比例以及整体尺度即可。

图 7-51　案例 2 综合公园场景表现的步骤五（韩继悦）

步骤六：如图7-52所示，在植物枝干与叶子的交界处完成阴影部分的添加。可通过考虑光影的方向，判断直射光和阴影的方位，并根据乔灌木的大小和形状来确定阴影的角度。

图7-52　案例2综合公园场景表现的步骤六（韩继悦）

步骤七：如图7-53所示，先使用平涂和蹭笔的表现技法对画面近景和中景的植物进行上色。在运笔的过程中手部要保持稳定，并把控好力度大小，以保证颜色的均匀。

图7-53　案例2综合公园场景表现的步骤七（韩继悦）

步骤八：如图 7-54 所示，完善细节处的刻画和修饰。手绘者可使用多种颜色增强物体的深度感，如绘制大树的树冠时，使用深绿色的马克笔来添加树叶的纹理，并在顶部使用较浅的绿色来表现树冠的高光部分。在对石头铺装上色时应选用深色马克笔，从而更好地表现其质感。此外应根据光照方向，对石头表面约四分之一的区域留白处理。

图 7-54　案例 2 综合公园场景表现的步骤八（韩继悦）

案例 3

步骤一：如图 7-55 所示，确定场景的整体设计和空间布局，可用铅笔对景观置石、孤植灌木、长凳和廊架等要素的具体位置进行标识。

图 7-55　案例 3 综合公园场景表现的步骤一（韩继悦）

步骤二：如图 7-56 所示，依照由近到远的顺序，先对近景的长凳、乔灌木和景观置石进行表现。其中在绘制置石时可用较粗的笔表现石头的阴影和边缘，用较细的笔来绘制其纹理和质感。

图 7-56　案例 3 综合公园场景表现的步骤二（韩继悦）

步骤三：如图 7-57 所示，绘制草坪、孤植灌木和人工水池。注意孤植灌木在图上应与其他灌木进行一定的区分，同时对线条的运用要做到简洁流畅，避免绘制的灌木过于烦琐。

图 7-57　案例 3 综合公园场景表现的步骤三（韩继悦）

步骤四：如图 7-58 所示，对孤植灌木周围的汀步、草坪以及背景灌木丛进行适当表现。在绘制汀步时，除了要把握好单个汀步的尺寸大小外，还需关注汀步之间的距离，避免过大或过小。在表现时要注意遵循近大远小的原理。

图 7-58　案例 3 综合公园场景表现的步骤四（韩继悦）

步骤五：如图 7-59 所示，使用较细的针管笔绘制水池的波纹，同时对远景廊架和乔木进行适当的表达。在绘制廊架时，可用较粗的线条或阴影来营造支撑架的结构层次。

图 7-59　案例 3 综合公园场景表现的步骤五（韩继悦）

步骤六：如图 7-60 所示，对场景的铺装区域进行绘制。先对整体区域的轮廓进行勾画，再进行细致的纹理填充。在画格子铺装时，要找准其规律并突出层次感。

图 7-60　案例 3 综合公园场景表现的步骤六（韩继悦）

步骤七：如图 7-61 所示，使用马克笔对线稿进行基础上色。在面对元素较多的复杂场景时，可按照一定的先后顺序完成色彩表达。如先对灌木、水体等自然景观元素上色，后对长凳、汀步和廊架等人工景观元素上色。

图 7-61　案例 3 综合公园场景表现的步骤七（韩继悦）

步骤八：如图 7-62 所示，完成剩余区域的上色。手绘者可通过颜色的虚实变化，反映出物体之间的空间和位置，如对近处的长凳和置石上色较为细致并适当施加重色，对远处廊架的表现则可适当简化。

图 7-62　案例 3 综合公园场景表现的步骤八（韩继悦）

2．专类公园场景表现

专类公园需要确定公园具体的主题以及功能需求，并且确定要重点表现其主题的画面取景和构图方向。要根据公园的主题，确定绘图中的主体景观对公园主题的呼应和表现（图 7-63～图 7-66）。

图 7-63　专类公园实景图 1（李文龙）

图 7-64　专类公园实景图 2（李文龙）

图 7-65　专类公园实景图 3（李文龙）

图 7-66　专类公园实景图 4（李文龙）

在画面中，景观设施的刻画也十分重要，要契合公园主题注重画面主体设施的造型特色。在植物景观刻画时，要注意画面中植物之间或植物与主题设施之间的遮挡关系。

注意刻画时的用笔用线，应根据公园自身的主题功能来确定。例如，儿童主题公园多采用曲线刻画景观场景，而在现代简约风格的公园中可以多采用干脆利落的直线刻画场景设施设备来表现。

在色彩的运用上，整体色调要在统一和谐的基础上着重体现与主题相关的颜色，比如红色文化公园的景观色调可以以红色为主，同时注意用色的明暗对比，以增强画面表现中空间的层次感。

步骤一：如图 7-67 所示，确定画面的整体布局和结构。先可将主要的观赏乔木置于画面的中心位置，围绕其放置一些圆形的小灌木，起到点缀和修饰的作用。此外，还可在画面背景处绘制一些尖塔形的乔木来表示松类植物，在视觉上营造优美的植物景观天际线。

图 7-67　专类公园场景表现的步骤一（韩继悦）

步骤二：如图 7-68 所示，在确定好画面布局后，开始对每个元素的细节进行表现。可按照由近到远的顺序，首先对低矮的灌木丛进行表现。在绘制时可先画前景植物，根据遮挡关系依次绘制后面的植物，层层递进。相同的植物组团可增加不同的细节，如植物空隙，用于区分层次的同时还可丰富画面。同时在灌木丛周边点缀一些石子来表达小径。

图 7-68　专类公园场景表现的步骤二（韩继悦）

步骤三：如图 7-69 所示，继续完善对灌木丛的表现和绘制。在绘制长叶花草时，要尤其关注叶片与叶片之间的前后遮挡关系以及弯曲方向，一般中间部分的叶片呈现出竖直向上的姿态，左右的叶片稍微向两侧倾斜。同时，由于长叶花草位置在圆形灌木丛后，在画的时候可适当简化部分细节，使得图面主次分明、详略得当。

图 7-69　专类公园场景表现的步骤三（韩继悦）

步骤四：如图 7-70 所示，完成主要观赏乔木的绘制。作为主景植物，在整幅图面中应进行重点表达。当绘制树冠时首先要注意其与枝干的比例关系，并用快速流畅的折线进行刻画。在绘制树干时则要把握好粗细的变化以及转折角度。

图 7-70　专类公园场景表现的步骤四（韩继悦）

步骤五：如图 7-71 所示，对远景树进行适当表现。由于远景树距离观察者较远，画的时候只需用简单的几何形体大致表现其外形即可。同时可沿主树干的两侧绘制密集的短线来表示其枝干。同时在画面中适当点缀人物，可放置在场景的三分之一处，并注意远近关系的体现，尽量避免并排站立。最后在图面左侧绘制石头铺装的纹理。

图 7-71　专类公园场景表现的步骤五（韩继悦）

步骤六：如图 7-72 所示，使用马克笔对图面进行色彩表达，并完成阴影部分的添加。需注意通常情况下，植物的阴影是向下的，因此需重点对植物的底部进行颜色叠加。对于前景的灌木选用较鲜亮的颜色，中景和远景的乔木可用较沉稳的颜色进行表现。最后完成天空的绘制。

图 7-72　专类公园场景表现的步骤六（韩继悦）

7.1.3　广场景观

1．一般广场场景表现

相较于公园景观，广场景观的硬质铺装面积要更大，其最大的作用是交通集散、提升空间的可达性，以及举办聚集性的公共活动（图 7-73～图 7-76）。位于威尼斯的圣马可广场是广场景观设计的经典作品，有着“欧洲最美客厅”的美誉。

图 7-73　广场景观实景图 1（李文龙）

图 7-74　广场景观实景图 2（李文龙）

图 7-75 广场景观实景图 3（李文龙）

图 7-76 广场景观实景图 4（李文龙）

在广场景观的手绘表现中，要注意地面铺装、植物组团、景观设施、水池水体以及远景间的搭配组合，尤其大面积的铺装地面在画面中常占比较重，可作为主体景观进行刻画。

在线稿的绘制过程中，要注意画面中近大远小物体比例与透视遮挡关系，营造出画面的前后空间纵深感，绘制广场效果图的直线较多，在必要时需借助尺子以免造成透视错误。

在上色时需要注意用笔手法，刻画出广场的铺装的质感，丰富画面的层次感，同时也要注意地面反光的刻画，可以适当进行留白处理。

案例 1

步骤一：如图 7-77 所示，可将图面分为三大部分，近景为广场铺装，中景为乔灌木结合的植物群落，远景为背景建筑物。在绘制时可按照由近到远的顺序，首先，画出近景的广场铺装样式，线条之间的间距应保持均匀；其次，使用简单的几何图形来表示中景的植物所在的位置，并体现出植物之间的高低变化；最后，画出远景的建筑物。由于建筑物距离较远，在绘制时使用长方形表示其外轮廓即可。

图 7-77 案例 1 广场景观场景表现的步骤一（韩继悦）

步骤二：如图 7-78 所示，对近景的景观元素进行细化。按照从右到左的顺序，首先对图面右侧的乔木、右下方的灌木丛以及外侧的座椅进行绘制。画植物组团时，为避免植物显得杂乱无序，要明确内部的主次关系，如最右侧的乔木占据画面主要位置，在表现时应对其枝叶细节进行刻画，画下方的灌木时则可适当简略。在画座椅时可使用较细的墨线笔在椅子表面绘制连续排列的短线，从而体现木材的纹理。

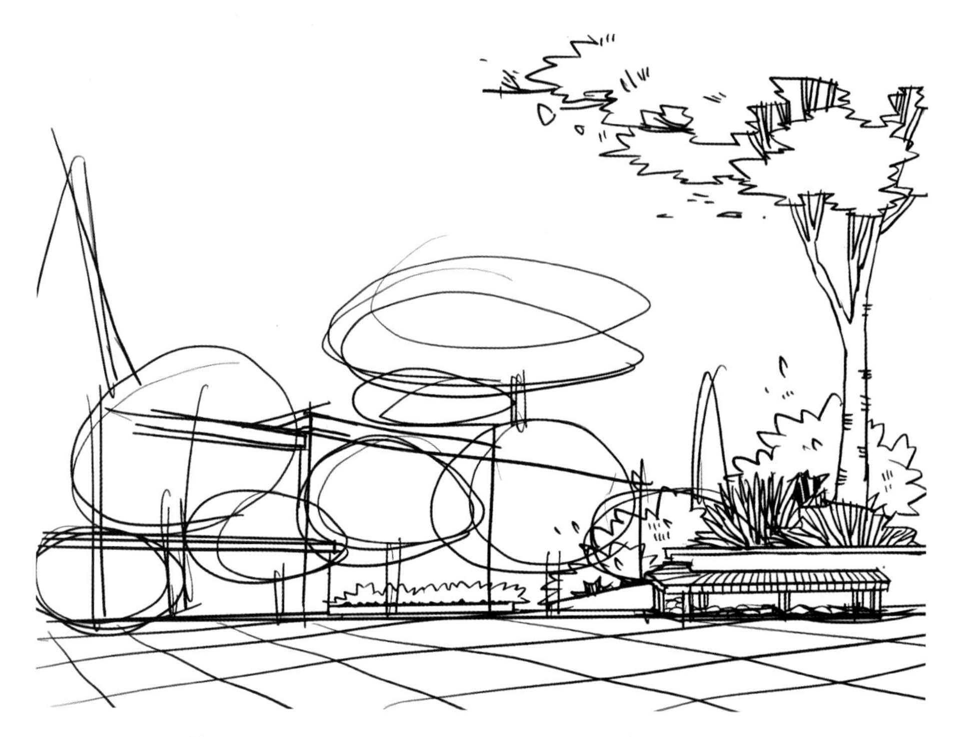

图 7-78　案例 1 广场景观场景表现的步骤二（韩继悦）

步骤三：如图 7-79 所示，继续完善中景部分，绘制图面中间和左侧的灌木组团。在画之前首先要明确组团的形状和结构，并对不同种类的灌木进行分类，如常见形状有球形、锥形和扇形等。表达过程中可利用层叠关系来表现灌木丛的纵深感，并在周边点缀置石，丰富中景的空间层次，同时画出背景建筑屋顶的形态。

图 7-79　案例 1 广场景观场景表现的步骤三（韩继悦）

步骤四：如图 7-80 所示，完成对中景和远景植物的手绘表达。在图面布局上可以常绿植物为基调树种，并在其周围适当点缀落叶乔木，丰富植物景观的季相变化。绘制落叶乔木的重点是对其树干形态的刻画，在画的过程中为避免图面效果死板，树形不宜左右对称，从而体现出树干的倾向性。最后简略勾勒背景建筑的外形。

图 7-80　案例 1 广场景观场景表现的步骤四（韩继悦）

步骤五：如图 7-81 所示，先对图面细节进行补充。如可在画面偏右侧点缀人物，并根据周边的座椅、树木等元素的尺寸来确定人物的高度。此外，可对左侧种植池外侧的石材纹理进行表现，注意对表面圆纹的大小和方向进行适当变化，从而体现纹理的不规则性。最后根据光源方向添加阴影。

图 7-81　案例 1 广场景观场景表现的步骤五（韩继悦）

步骤六：如图 7-82 所示，按照图面由近到远的顺序进行上色。其中在对铺装上色时，远处的铺装可上色较深，而近处的铺装则可使用扫笔的技法适当留出空间区域，形成自然的明暗过渡。

图 7-82 案例 1 广场景观场景表现的步骤六（韩继悦）

案例 2

步骤一：如图 7-83 所示，将图面大致分为三个部分。近景为广场空间并以硬质铺装为主，中景为植物绿化，远景为数栋建筑物。可按照由近到远的顺序，首先使用曲线线条来描绘铺装的纹理，并适当点缀人物，起到活跃场地氛围的作用。在画人物时要遵循近实远虚的原理，对近景的人物要刻画出更多细节。之后使用简单的线条对中景和远景的元素进行勾勒。

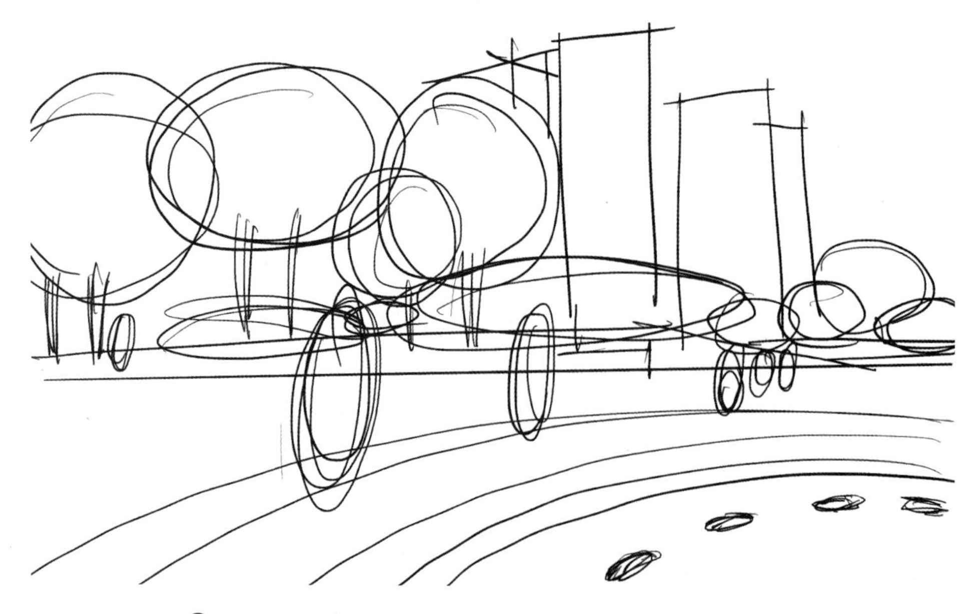

图 7-83 案例 2 广场景观场景表现的步骤一（韩继悦）

步骤二：如图 7-84 所示，按照从左到右的顺序，对植物组团进行细化。由于植物位于画面的中景区域，可适当增加其细节和分层，如枝干的分叉形态、树冠的外部轮廓等。同时，可在植物周围加入人物等细节，以强调场地的使用功能。

图 7-84　案例 2 广场景观场景表现的步骤二（韩继悦）

步骤三：如图 7-85 所示，继续完善右侧的植物组团，并对植物后面的建筑物进行表现。由于建筑在图面中属于远景，因此在画的过程中不必添加过多细节，做到主次分明即可。

图 7-85　案例 2 广场景观场景表现的步骤三（韩继悦）

步骤四：如图 7-86 所示，完成阴影效果的添加。同样可按照由近到远的顺序，首先，根据光源和人物的高度来确定人物阴影的大小和方向，再使用绘图笔对乔木枝干的背光面涂黑；其次，使用密集的短斜线排列在灌木的外轮廓内，分别表示两种植物的阴影效果。

图 7-86　案例 2 广场景观场景表现的步骤四（韩继悦）

步骤五：如图 7-87 所示，使用浅色马克笔对远景建筑、近景的植物和铺装进行初步上色。其中在对铺装上色时，为了增强铺装的质感，可根据光源的方向对左侧铺装适当留白。对右侧铺装，使用扫笔的技法平涂灰色，使得颜色的过渡更加自然。

图 7-87　案例 2 广场景观场景表现的步骤五（韩继悦）

步骤六：如图 7-88 所示，使用深色马克笔对树木的阴影、硬质铺装的暗部等细节进行勾勒。在对植物上色时需注意层次感的表现，如对左侧第二棵乔木的表现，可先使用亮绿色进行大面积平涂，再用暗绿色进行叠加，增强明暗对比。最后对天空的云朵进行简单表现。

图 7-88　案例 2 广场景观场景表现的步骤六（韩继悦）

2．商业广场场景表现

商业广场是一种较为特殊的广场类型，同时也是城市公共空间的重要组成部分（图 7-89 ~ 图 7-92）。在手绘表现商业广场时，可重点考虑以下几点。

图 7-89　商业广场景观实景图 1（李文龙）

图 7-90　商业广场景观实景图 2（李文龙）

图 7-91　商业广场景观实景图 3（李文龙）

图 7-92　商业广场景观实景图 4（李文龙）

（1）突出商业属性。商业广场是一个以商业为主要功能的场所，可以通过手绘表现商铺、广告、标识等细节，突出其商业属性。

（2）强调人流活动。商业广场是城市人流密集的区域，需要考虑人群的通行和活动需求，可以通过手绘表现各类型的游人来予以强调。

（3）增强建筑和景观的立体感。商业广场通常具有大规模的建筑和景观，需要考虑其与周边环境的协调性和整体性，可以通过手绘增强建筑和景观的空间感。

（4）注重色彩搭配。商业广场通常需要具备视觉冲击力和吸引力，可以通过手绘注重色彩的搭配和层次感的表现，以达到更好的视觉效果。

步骤一：如图 7-93 所示，首先在图面下方对地平线进行定位，并画出位于画面中心位置的商业建筑的大致轮廓。在绘制较长的直线时，可借助直尺等绘图工具使线条更加平稳、工整。在绘制建筑顶部的弧形线条时，要根据画面的视角来确定圆弧的弧度。如果是俯视视角，顶部弧形线条应该是正圆弧。同时对右侧的远景建筑进行简单勾勒。

步骤二：如图 7-94 所示，在建筑外立面二分之一偏上的位置画出广告牌的大致轮廓，并勾勒出建筑右侧的直线形花纹，注意透视关系的准确。

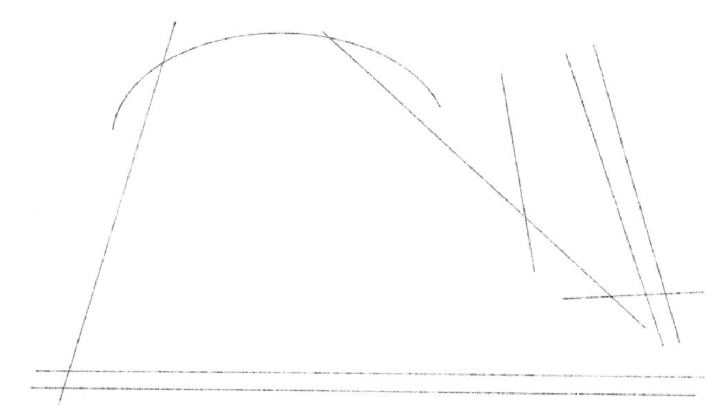

图 7-93　商业广场场景表现的步骤一（田文鑫）

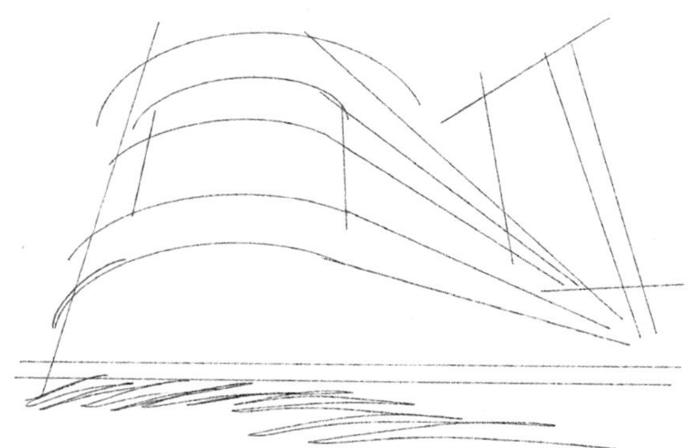

图 7-94　商业广场场景表现的步骤二（田文鑫）

步骤三：如图 7-95 所示，基本确定主体建筑的外部轮廓。同时在手绘时要注重对建筑物深度和立体感的表现，如在外立面顶部和左侧的纹理上可沿透视方向进行加粗。

图 7-95　商业广场场景表现的步骤三（田文鑫）

步骤四：如图 7-96 所示，按照从左到右的顺序对周边环境和建筑外立面细节进行表现。首先，在画面左侧点缀乔灌木，从而更好地平衡画面以及衬托主景建筑物；其次，在建筑物下方绘制玻璃幕墙，可用交错的横线和竖线来表示玻璃的材质，并在其外部添加图案和文字表示；字体的大小和粗细应根据建筑物的尺度进行设定；最后，根据透视关系画出建筑外广场的铺装样式。

图 7-96　商业广场场景表现的步骤四（田文鑫）

步骤五：如图 7-97 所示，按照由近到远的顺序对图面中的要素进行细化。首先，对广场的铺装样式进行丰富和完善；在绘制时要根据整体透视关系，把握好直线线条的转折点和线条之间的距离；其次，刻画出广告牌上的图案和文字；最后，对远景建筑的外立面花纹进行勾画。

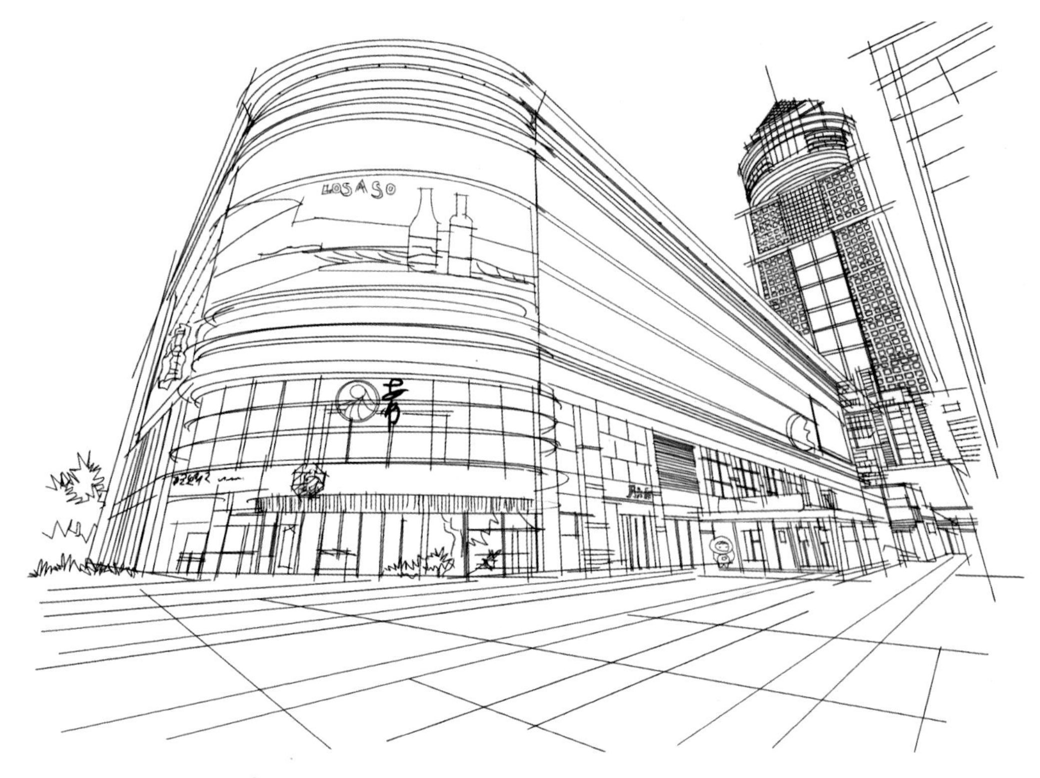

图 7-97　商业广场场景表现的步骤五（田文鑫）

步骤六：如图 7-98 所示，使用马克笔完成色彩表达。其中在对建筑物进行上色时要充分表现出不同材质的质感。例如，在对玻璃幕墙上色时，可以分多次叠加上色，使用浅蓝色完成初步上色后，可再用白色或浅灰色的马克笔轻轻涂抹，以强调玻璃的反射效果，使其看起来更有光泽感。

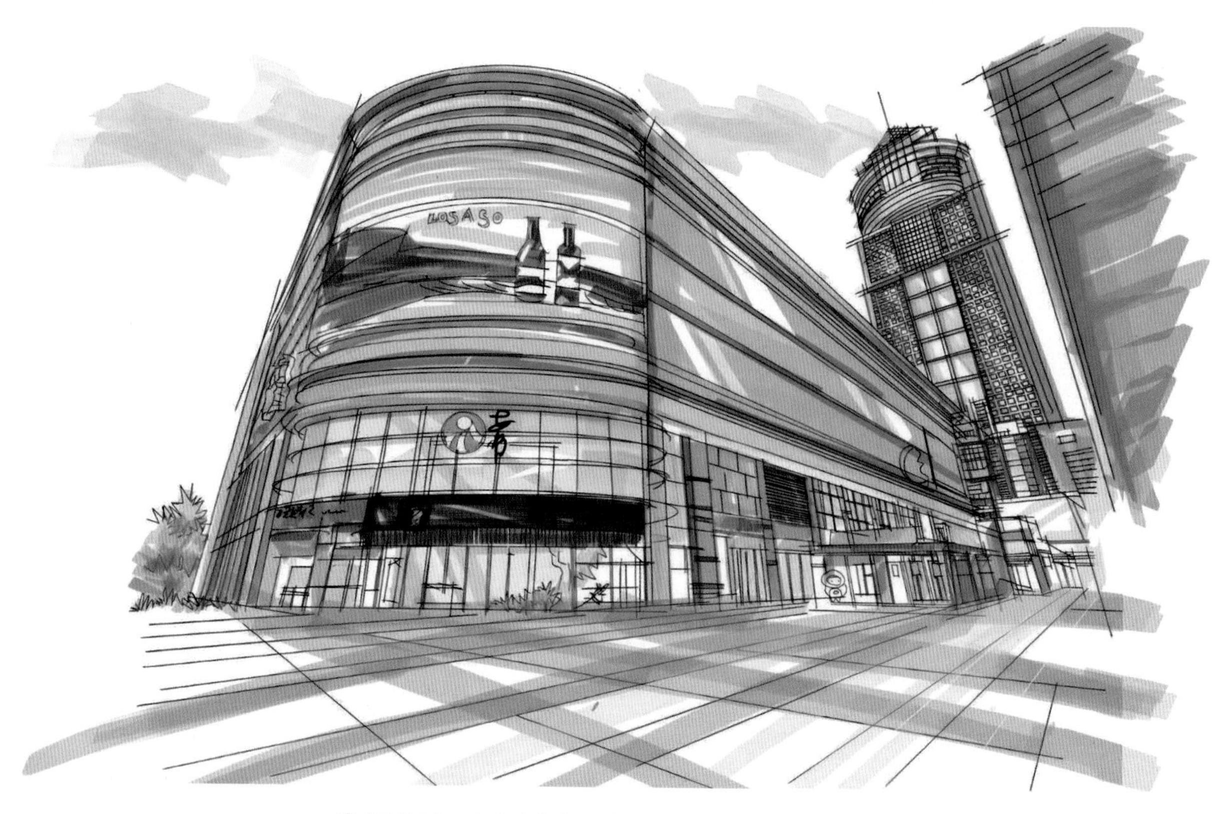

图 7-98　商业广场场景表现的步骤六（田文鑫）

7.1.4　居住区景观

随着居民对自身所处的居住环境各方面需求的不断提升，居住区的景观设计正受到越来越多的关注。首先，居住区景观应满足各类人群的日常功能要求，其中老年人和儿童的生理条件较为特殊，在设计时尤其要重点考虑这两大人群的需求，如增加坡道、座椅等适老化设计，为不同年龄段的儿童提供不同类型的游乐场地等；其次，在设计时要注意保持整体风格的一致，尤其是同住宅建筑外部造型的协调；最后，在设计时要注意满足基本的规范要求（图 7-99～图 7-102）。

图 7-99　居住区景观实景图 1（李文龙）

图 7-100　居住区景观实景图 2（李文龙）

图 7-101　居住区景观实景图 3（李文龙）

图 7-102　居住区景观实景图 4（李文龙）

在手绘表达时首先应注意色彩的运用。居住区景观作为居民日常休憩、游玩、交流、活动的场所，与人们的日常生活紧密相关，因此在表达时建议多用暖色调，给人以温馨、和睦、舒适的心理感受。此外，居住区景观的中小尺度空间偏多，在绘制过程中需注意细节，尤其要注意近景、中景、远景的刻画以及建筑比例关系，以保证整体结构的完善。

1．普通住宅小区场景表现

普通住宅小区公共空间的景观尺度相较于别墅等私家庭院而言要大，因此在绘制时应将重点放在对整体空间结构和框架的表现上，对一些局部的景观要素，在表现过程中可适当简略一些（图 7-103～图 7-106）。

图 7-103 普通住宅小区实景图 1（李文龙）

图 7-104 普通住宅小区实景图 2（李文龙）

图 7-105 普通住宅小区实景图 3（李文龙）

图 7-106 普通住宅小区实景图 4（李文龙）

普通住宅小区的公共空间，要注意对人物行为的刻画，可适当体现老人、儿童和年轻人等在空间中所开展的各类活动，从而体现该空间对不同类型人使用需求的空间应对对策。

在色彩表达上，应以偏暖的色调为主，同时要做到统一中求变化，形成相近的颜色色系体系，避免一种颜色带来的表达效果单一的问题。根据小区本身的建筑色调体系，在景观表现时可进行风格的呼应。

步骤一：如图 7-107 所示，在图面下方三分之一处确定地平线的位置，并对园路、绿化和广场铺装进行简单的区域划分，方便之后进一步地细化。

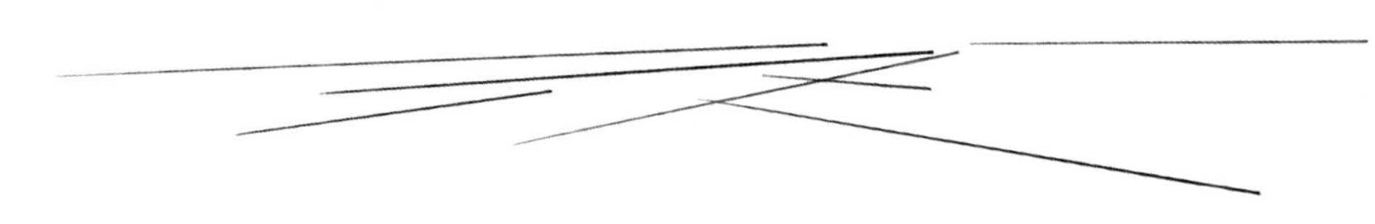

图 7-107 普通住宅小区场景表现的步骤一（田文鑫）

步骤二：如图 7-108 所示，确定图面中乔灌木所在的大致方位。可根据植物的位置关系把握近大远小的原则来调整大小。在右侧近景处单独绘制一棵小乔木，丰富场景的空间层次并更好地突出中心景观。而远景植物由于细节较远，距离和形态已经模糊，不需要过多地精细描绘，因此，可在图面左侧和中间区域用简单的圆形来表示其形态。最后用简单的线条勾画背景建筑的轮廓。

图 7-108　普通住宅小区场景表现的步骤二（田文鑫）

步骤三：如图 7-109 所示，使用针管笔细化对居民楼和景观亭的外形表现。在画居民楼时可先使用较粗的绘图笔表现出建筑的整体形态，然后用较细的绘图笔画出屋顶、窗户和门等细节。在绘制画面左侧的景观亭时，先要把控好整体的尺度大小，使其与后面的建筑物相协调，同时需着重对亭子柱子的样式、顶部的纹理等细节进行刻画。

图 7-109　普通住宅小区场景表现的步骤三（田文鑫）

步骤四：如图 7-110 所示，对小区道路、植被绿化等景观元素进行细化。在画植物时注意营造高低错落的层次感，近侧的植物可多以低矮的花灌木为主，以免遮挡主体建筑，而在远处点缀大乔木则可以营造更加开阔的空间感，同时更好地衬托主体建筑。

步骤五：如图 7-111 所示，使用马克笔对图中的景观元素进行初步上色。可先采用浅色进行大面积平铺，之后再适当添加重色。

步骤六：如图 7-112 所示，进行颜色叠加和细节处理。注意不同要素的色调和深浅的区别，对于近景的灌木和草坪需重点表现。可使用柔和的浅绿色来表现草坪，路边的灌木可使用饱和度偏高的深绿色、深棕色等颜色，并使用较鲜艳的颜色来点缀灌木丛中的花草。对中景的植物、泳池和阳伞上色时，整体选用明亮的蓝色和绿色进行涂色，营造一种轻松、清爽的夏日氛围。远景的居民楼的表现则可以适当简化。

图 7-110 普通住宅小区场景表现的步骤四（田文鑫）

图 7-111 普通住宅小区场景表现的步骤五（田文鑫）

图 7-112 普通住宅小区场景表现的步骤六（田文鑫）

2．别墅庭院场景表现

别墅庭院的景观尺度普遍较小。因此，应主要关注庭院景观的私密性。同时别墅庭院一般在铺装、设施上也更为精致、丰富（图 7-113～图 7-116）。

图 7-113　别墅庭院景观实景图 1（李文龙）

图 7-114　别墅庭院景观实景图 2（李文龙）

图 7-115　别墅庭院景观实景图 3（李文龙）

图 7-116　别墅庭院景观实景图 4（李文龙）

在植物配置的绘制上，要注意选用多种植物，充分利用植物的四季季相更替和色彩搭配营造不同时间的景色。手绘者应对常见的庭院园林植物的种类和具体形态有一定的了解，并针对性地对其手绘表现方式进行练习。

此外，由于别墅本身对于庭院景观表现的影响，因此还要注意对别墅建筑整体的表现效果，通过明暗的节奏变化和冷暖深浅的对比使得别墅庭院景观空间更富有质感。同时应注意建筑表面和室外空间在总体风格上保持一致，并做到相互协调和渗透。

步骤一：如图 7-117 所示，使用铅笔完成庭院花园的轮廓线绘制。在图面左侧和中间画出乔灌木和水体的位置，可用椭圆形来表示灌木、用圆形来表示稍高的乔木。同时在图面右侧绘制建筑物的轮廓，并对画面远处的建筑进行简单勾画，把握好近大远小的整体空间关系。

图 7-117　别墅庭院场景表现的步骤一（田文鑫）

步骤二：如图 7-118 所示，按由近到远的顺序对场景中各要素的形态进行详细刻画，包括地被、园路、置石、水体、景观亭、乔灌木和建筑物等。在画图面左上角的乔木时，由于其位于整幅图面的中景处，需对其枝干形态和枝叶的纹理进行较详细的刻画。在绘制右下角的园路时，尤其要把握好尺度，避免道路过宽或过窄，使得图面的整体比例失衡。

图 7-118　别墅庭院场景表现的步骤二（田文鑫）

步骤三：如图 7-119 所示，选择合适的马克笔完成对线稿的初步上色。可用淡绿色、蓝色、灰色等颜色作为基调颜色，营造安静、舒适的整体氛围。在对园路上色时，可通过局部区域的加深和适当留白体现铺装材质的质感。

图 7-119　别墅庭院场景表现的步骤三（田文鑫）

步骤四：如图 7-120 所示，使用颜色较深的马克笔对细节进行刻画，使得画面更加丰富饱满，从而完善整体的视觉效果。另外完成天空的色彩表现。

图 7-120　别墅庭院场景表现的步骤四（田文鑫）

7.1.5　滨水景观

滨水景观设计一直是景观设计课程内容中的重点。在滨水景观设计中要把控好滨水空间的变化节奏和韵律，注意游览空间体验时的变化，避免游人长时间看到一样的景观产生单调、疲劳感。此外还要合理设置景观与观景点，营造看与被看的视觉关系（图 7-121～图 7-124）。

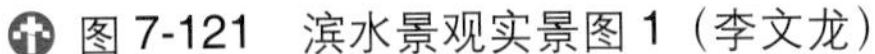
图 7-121　滨水景观实景图 1（李文龙）

图 7-122　滨水景观实景图 2（李文龙）

图 7-123　滨水景观实景图 3（李文龙）

图 7-124　滨水景观实景图 4（李文龙）

在画的过程中首先要注意整体滨水景观氛围的方向营造。根据人在休闲空间时的亲水性，在绘制过程中可重点表达人们不同的亲水活动，如观景远眺、戏水玩耍、沿江漫步等。同时还要关注驳岸、挑台、木质栈道等常见的滨水景观要素的表现方法，尤其是通过材质的变化来体现空间丰富的层次。

案例 1

步骤一：如图 7-125 所示，首先在图面下方三分之一左右的位置画出水平面，并在右侧确定古塔的位置和高度并画出其大致轮廓。

步骤二：如图 7-126 所示，补充完善图面上主要的景观元素，包括背景建筑、拱桥和植物等。在绘制拱桥前，首先要了解其基本结构和特点。拱桥通常由石头或砖块建成，两侧由桥墩或柱子支撑，在画的时候需把握好拱洞和桥身弯曲的弧度，以及整体的大小和比例。此外，可用铅笔对前景水面的波纹进行勾画，靠近岸边的线条适当加粗。

步骤三：如图 7-127 所示，先完成对图面中景区域的拱桥、驳岸和古塔基座的细节表现。可按照从左到右的顺序对各类元素依次进行描绘。在绘制图面左侧的桥身时，可用较细的绘图笔画出砖墙的纹理，用交错的横线和竖线表示砖头的排列方式。在画右侧的驳岸时，可在其外侧添加水生植物，以便更好地塑造水景氛围，并使静止的画面更有活力。在绘制古塔基座时，可在其背光面添加阴影，以增加逼真感和立体感。

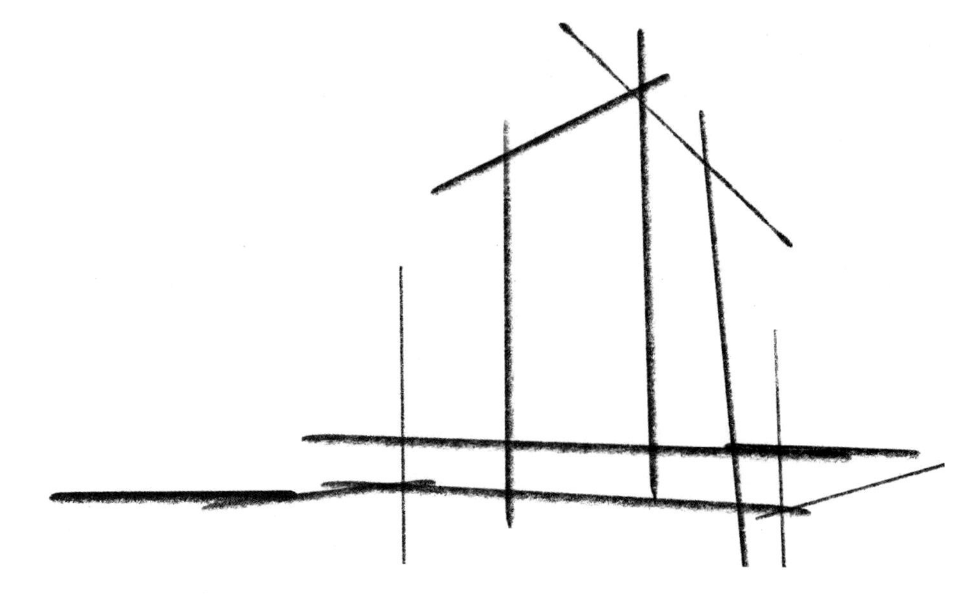

图 7-125　案例 1 滨水景观场景表现的步骤一（田文鑫）

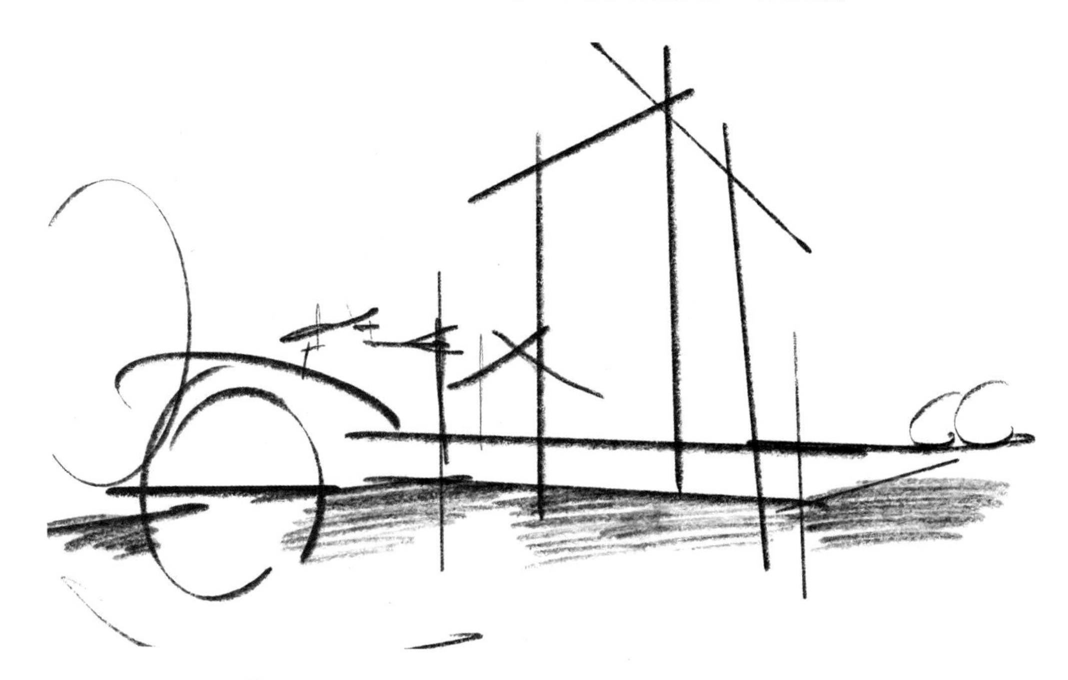

图 7-126　案例 1 滨水景观场景表现的步骤二（田文鑫）

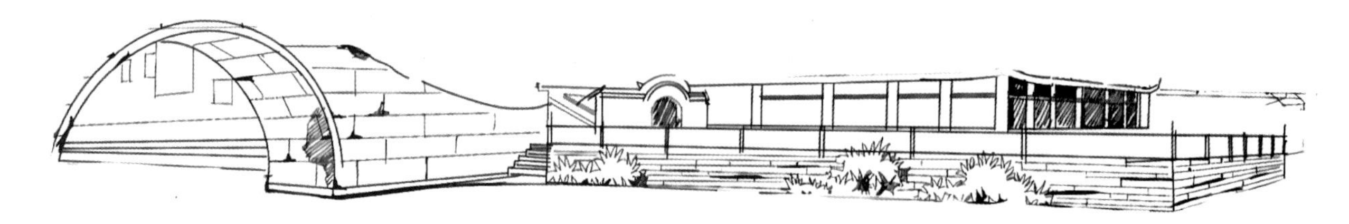

图 7-127　案例 1 滨水景观场景表现的步骤三（田文鑫）

步骤四：如图 7-128 所示，按照由远到近的顺序，对水面的质感进行详细表现。首先，使用较粗的绘图笔对驳岸的边界进行加粗，增强立体感；其次，可用较细的绘图笔沿着水的边缘画出涟漪和波纹；最后，还可在水面上勾勒出古塔顶部的大致轮廓，从而表现其投影。绘制时应先考虑光源的位置，并根据光线方向来确定水面投影的方向和形态。

图 7-128　案例 1 滨水景观场景表现的步骤四（田文鑫）

步骤五：如图 7-129 所示，对画面右侧古塔的造型进行刻画。在确定其高度、宽度和层数等结构部分后，可按照从上到下的顺序依次进行表现。在画的时候可适当添加细节，包括屋顶的飞檐翘角、塔身的装饰、雕花以及悬挂在外侧的灯笼等。

图 7-129　案例 1 滨水景观场景表现的步骤五（田文鑫）

步骤六：如图 7-130 所示，完成周边环境的表现。可在拱桥前侧和古塔周边点缀植物，不仅能营造自然氛围，还可以更好地衬托主体建筑。同时在图面左侧三分之一处，拱桥后方绘制背景建筑物，丰富空间层次。

步骤七：如图 7-131 所示，用红褐色、灰色等颜色的马克笔对场景进行色彩表现。可先用平涂的技法对场景主体的古塔和拱桥进行上色，再绘制周边的建筑和植物群落。在对植物进行上色时，要尤其注意色彩的层次感。先用青绿色对树冠面进行涂抹，再用深绿色对靠近下部枝干的区域叠加颜色。

步骤八：如图 7-132 所示，使用蓝色和绿色的马克笔对水面进行上色。首先，使用浅蓝色的马克笔涂满河水的区域；其次，用深蓝色和绿色的马克笔在上面交错地涂上阴影和纹理，以表现出河水的流动、深浅以及岸上植物的投影；最后，完成天空的绘制。

图 7-130　案例 1 滨水景观场景表现的步骤六（田文鑫）

图 7-131　案例 1 滨水景观场景表现的步骤七（田文鑫）

图 7-132　案例 1 滨水景观场景表现的步骤八（田文鑫）

案例 2

步骤一：如图 7-133 所示，对图面的基本框架进行确定。首先在图面左侧三分之一处用长而连续的曲线画出瀑布的轮廓，并在其外侧用折线表示岩石。注意线条的转折方向和角度，使得岩石看起来棱角分明。最后在画面右侧使用简单的几何形状表示亭子的造型。

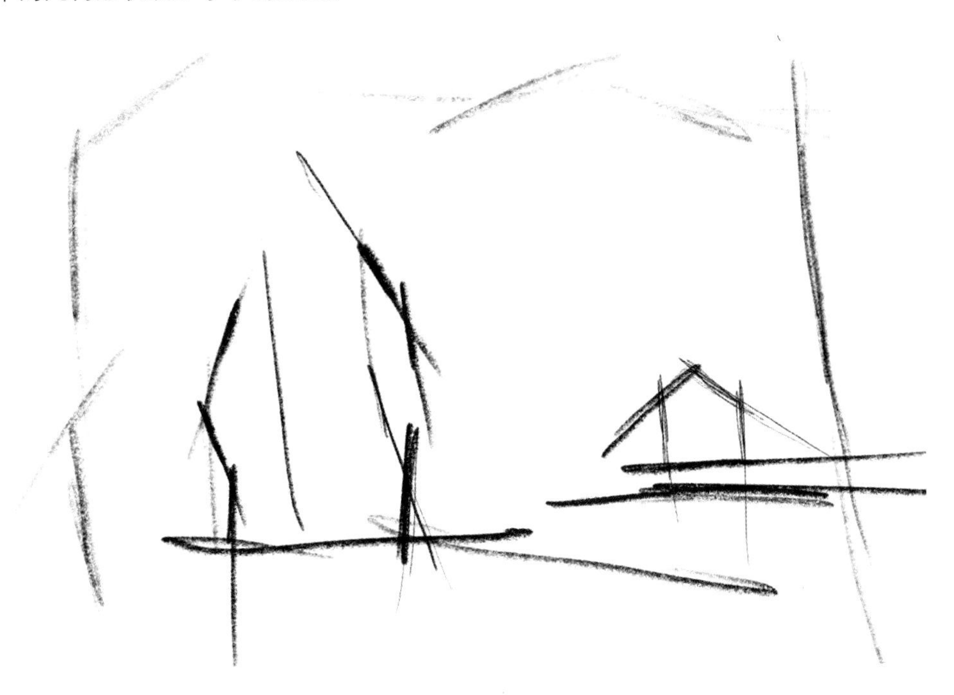

图 7-133　案例 2 滨水景观场景表现的步骤一（田文鑫）

步骤二：如图 7-134 所示，在草图的基础上绘制植物的轮廓线，用简单的圆圈进行表示即可。同时可用较粗的铅笔沿着水面的边缘排密集的短横线，从而更好地体现水体的质感和光泽。

图 7-134　案例 2 滨水景观场景表现的步骤二（田文鑫）

步骤三：如图 7-135 所示，用断断续续的长线来表现水流和浪花飞溅的形态，同时可在长线的两侧点缀短线和圆圈来表示小小的水珠，使得图面看起来更加生动。之后对岩石的形状进行具体绘制，并在其左侧用密集的斜短线来表示阴影部分。

步骤四：如图 7-136 所示，按照从前到后的顺序对图面右侧的植物群落进行刻画。在表现时可综合运用“几”字线和弧形线对其形态进行描绘，并把握好前后遮挡和穿插关系。植物的暗部可适当加黑，以增强明暗对比。之后对植物下方的岩石和水面波纹进行表现，可适当简化细节，做到主次分明。

图 7-135　案例 2 滨水景观场景表现的步骤三（田文鑫）

图 7-136　案例 2 滨水景观场景表现的步骤四（田文鑫）

步骤五：如图 7-137 所示，完成图面左侧的植物群落以及最右侧的景观亭和近景乔木的表现。其中在画近景树时，可用较细的绘图笔表现出枝干穿插的多样性，从而使整体形态更加饱满和均衡。在画乔木后方的景观亭时要画出檐角和栏杆等细节。

步骤六：如图 7-138 所示，使用马克笔完成图面的上色。为了表现瀑布水流深浅交替的效果，可利用渐变的颜色突出其特点。对水流的中间区域可留白处理，在两端可用天蓝色作为底色，并用亮蓝色作为重色叠加。在对石块上色时可先用灰色进行平涂，并根据光线的方向对右上角适当留白，从而强调高光区域。

图 7-137　案例 2 滨水景观场景表现的步骤五（田文鑫）

图 7-138　案例 2 滨水景观场景表现的步骤六（田文鑫）

7.2　优秀作品鉴赏

在前面的章节中已详细介绍了不同场景的效果图手绘技法，接下来将为读者展示一些精选的典型场景优秀手绘作品，以帮助学习者进一步了解并运用相关的手绘表现技法（图 7-139 ~ 图 7-145）。

图 7-139　景观设计典型场景手绘表达 1（田文鑫）

图 7-140　景观设计典型场景手绘表达 2（田文鑫）

图 7-141　景观设计典型场景手绘表达 3（田文鑫）

图 7-142　景观设计典型场景手绘表达 4（田文鑫）

图 7-143　景观设计典型场景手绘表达 5（田文鑫）

图 7-144　景观设计典型场景手绘表达 6（田文鑫）

图 7-145　景观设计典型场景手绘表达 7（田文鑫）

这些案例涵盖了各类风景园林和景观设计项目。每个项目都展示了独特的设计理念和手绘技巧，体现了设计师们在构图、色彩搭配、细节处理等方面卓越的水平。希望手绘练习者在欣赏这些出色作品的过程中，能够激发自己的创意灵感和设计热情，发现手绘表现的无尽可能性。

在学习和实践这些手绘案例时，请注意观察作品中的技法运用、线条和纹理的表现、空间与透视的处理方式等。尝试在自己的练习中吸收和融合这些优秀作品的经验教训，不断提高个人的手绘能力和审美水平。

第 8 章
景观设计快题方案手绘表达

快题方案设计是指在一个简短的时间内，对一个场地进行手绘设计及表达，一般包括平面图、立面图、剖立面图、节点透视效果图、分析图等。快题方案设计不仅是目前许多院校考研的必考科目，同时也是一些著名的设计公司及设计院录取新员工时的考核内容，其重要性不言而喻。从快题方案的表现上可以看出设计者最基础的手绘功底和设计素养，从而非常直观地反映其专业能力。总的来说，一个优秀的景观设计快题方案的手绘表达要做到以下几点。

（1）内容完整，不缺图、漏图。在考试过程中一般都会规定时间，如要求设计者在六小时之内完成一个设计方案的表达，包括分析图、总平面图、效果图、剖立面图、鸟瞰图、节点扩初图以及植物图例等，这里面还包括阅读任务书和前期构思的时间。因此设计者需要科学合理地分配好各个部分的时间，尤其注意不要在平面图的构思上花费过多时间，这样才能保证自己在规定时间内完成所有的考试内容。

（2）排版紧凑合理、富有美感。排版在景观设计的方案表达中是一个重点，好的排版可以起到画龙点睛的作用，让人感到赏心悦目。排版时要做到主次分明且整体的图面效果饱满紧凑，切忌留有大片的空白，给人以工作量不够的感觉。在构思方案之前首先应根据所给场地的形状和图量要求，先用铅笔勾勒出大致的排版布局，确定好每个图所在的位置。

（3）没有明显的错误和硬伤。在画的时候首先要注意不能犯比例和尺寸的错误。如题目要求按 1 ： 500 的比例绘制，实际画的却是 1 ： 200，又或者将行道树画得过大等。此外，对题目中明确包含的或是隐藏的考点需要在方案中有所体现，如保留树、高差处理等。最后还要注意制图规范，如比例尺、图名、指北针、标注、剖切符号等，千万不可遗漏。

（4）重点突出，使人一目了然。在整张图面上，总平面图和鸟瞰图所占的部分最大，因此要将重点放在这两个图的表达上面。有了好的平面图和鸟瞰图，整张图纸的基本框架就能够呈现出来，整体的表现效果也有了保证。

本章将首先对快题方案表达的一般步骤进行介绍，之后展示一些优秀的快题方案作品，供读者参考、学习。

8.1 快题方案表达步骤

步骤一：如图 8-1 所示，在接收到任务书后，首先要依据其所包含的设计要求以及条件，明确整张图纸的排版方式，并用铅笔进行大致的勾画。接下来根据任务书的具体要求，合理组织各类景观要素以及交通流线，从而确定平面图的功能分区和空间结构。在绘制完平面图的线稿后完成分析图、效果图和剖立面图等其他设计图的表现。

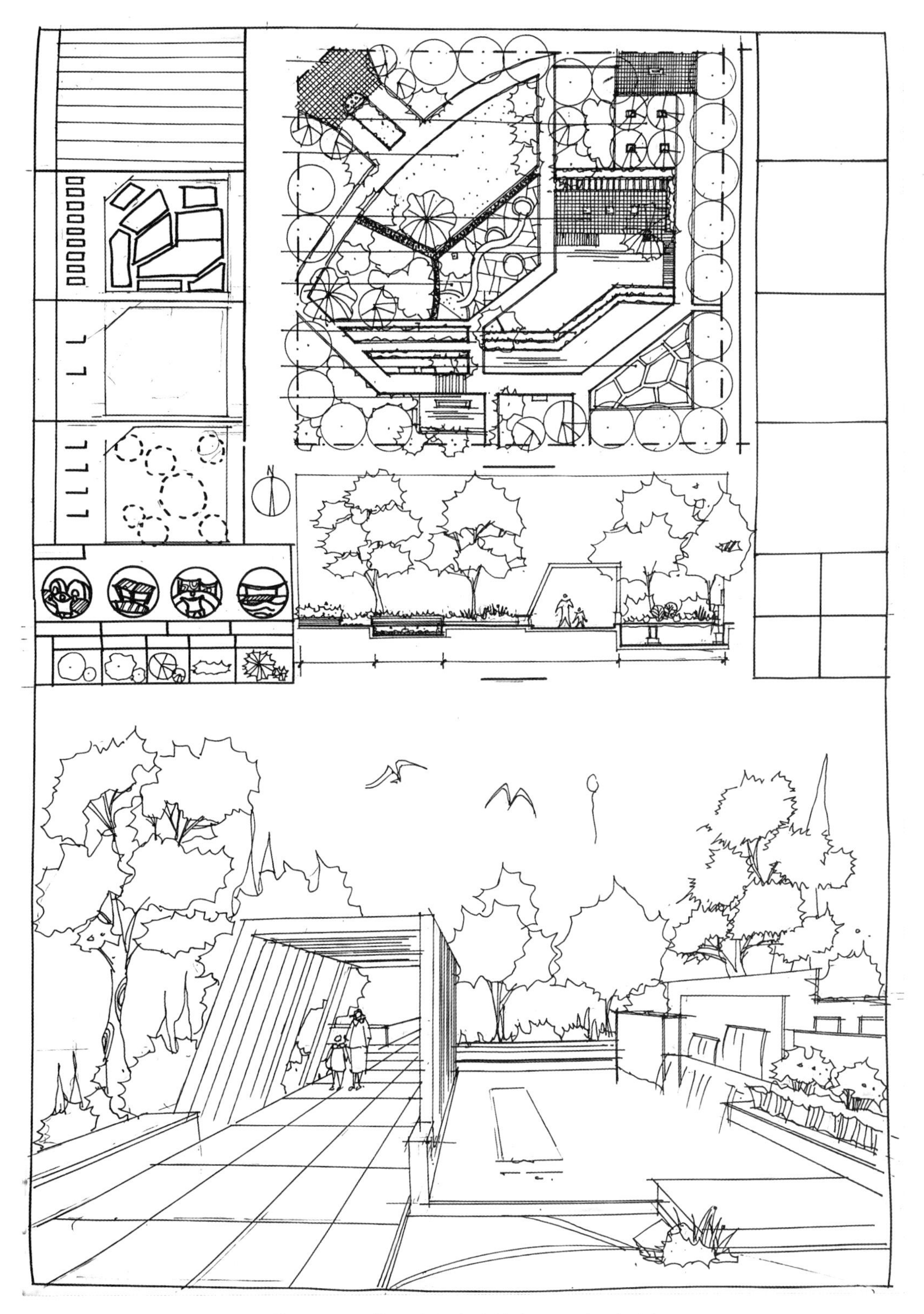

图 8-1　快题方案表达的步骤一（田文鑫）

步骤二：如图 8-2 所示，在将墨线细化的同时，添加各景观元素的阴影，从而使画面更加厚重并具有体积感。手绘练习者在完成了各类设计图线稿部分的绘制后，可统一对图纸上的文本部分进行标注，例如图例、图名、方案标题和设计说明等。

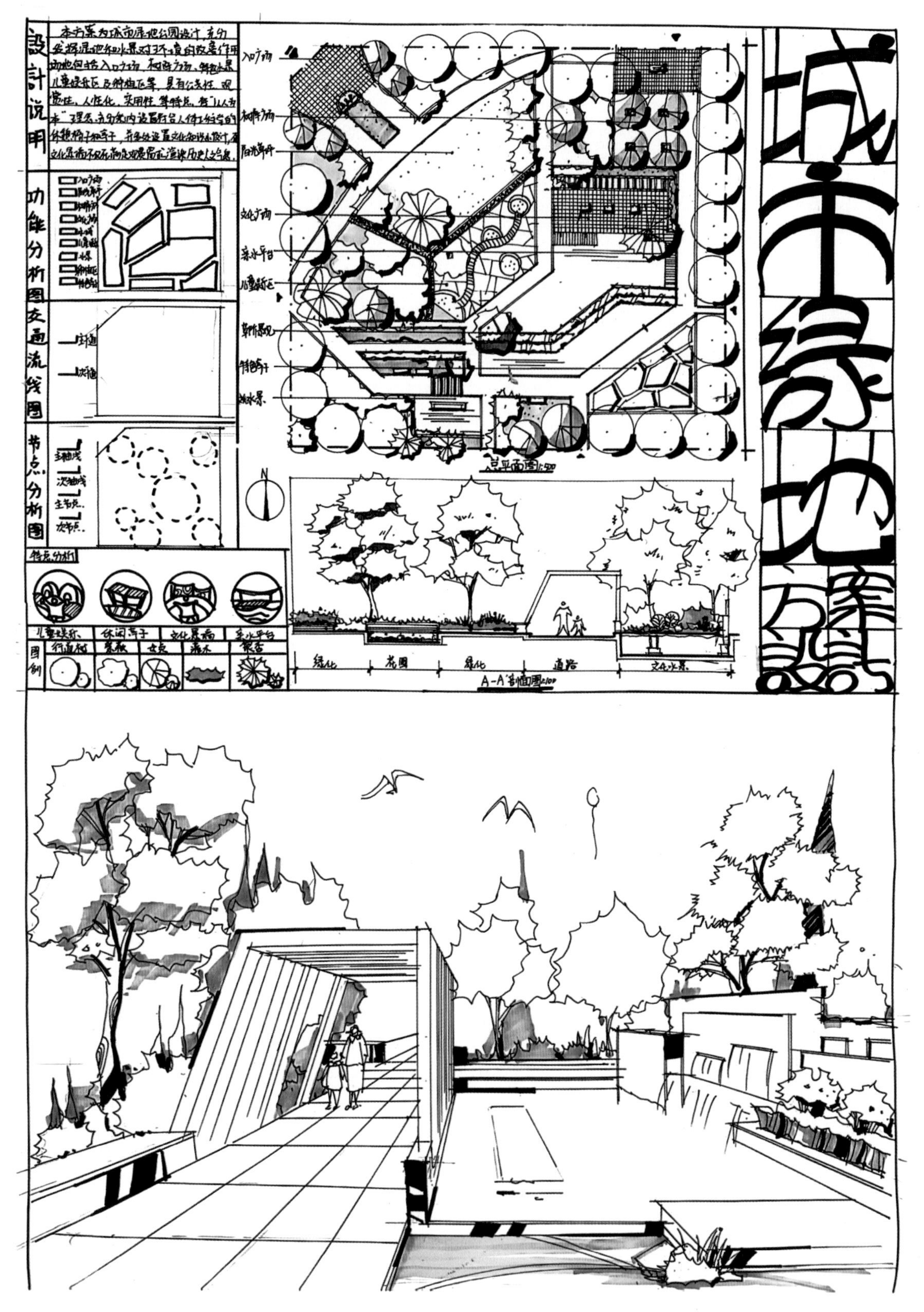

图 8-2　快题方案表达的步骤二（田文鑫）

步骤三：如图 8-3 所示，手绘者在确定平面图主光源的方向后，可先使用马克笔对植物进行简单区分并对草坪和水体进行上色。剖立面图和效果图在着色时同样先铺主色调和浅颜色，在铺色过程中要适当加强色彩的对比以及近景与远景色彩的对比。

图 8-3　快题方案表达的步骤三（田文鑫）

步骤四：如图 8-4 所示，接着完成对图纸其他区域的上色。在着色时首先要想好基本的色彩搭配，挑选好常用的马克笔色号，对平面的铺装、小品等进行上色。在对彩叶植物进行表现时，可适当着重色、亮色。之后将剖立面和效果图铺上与平面相对应的颜色。

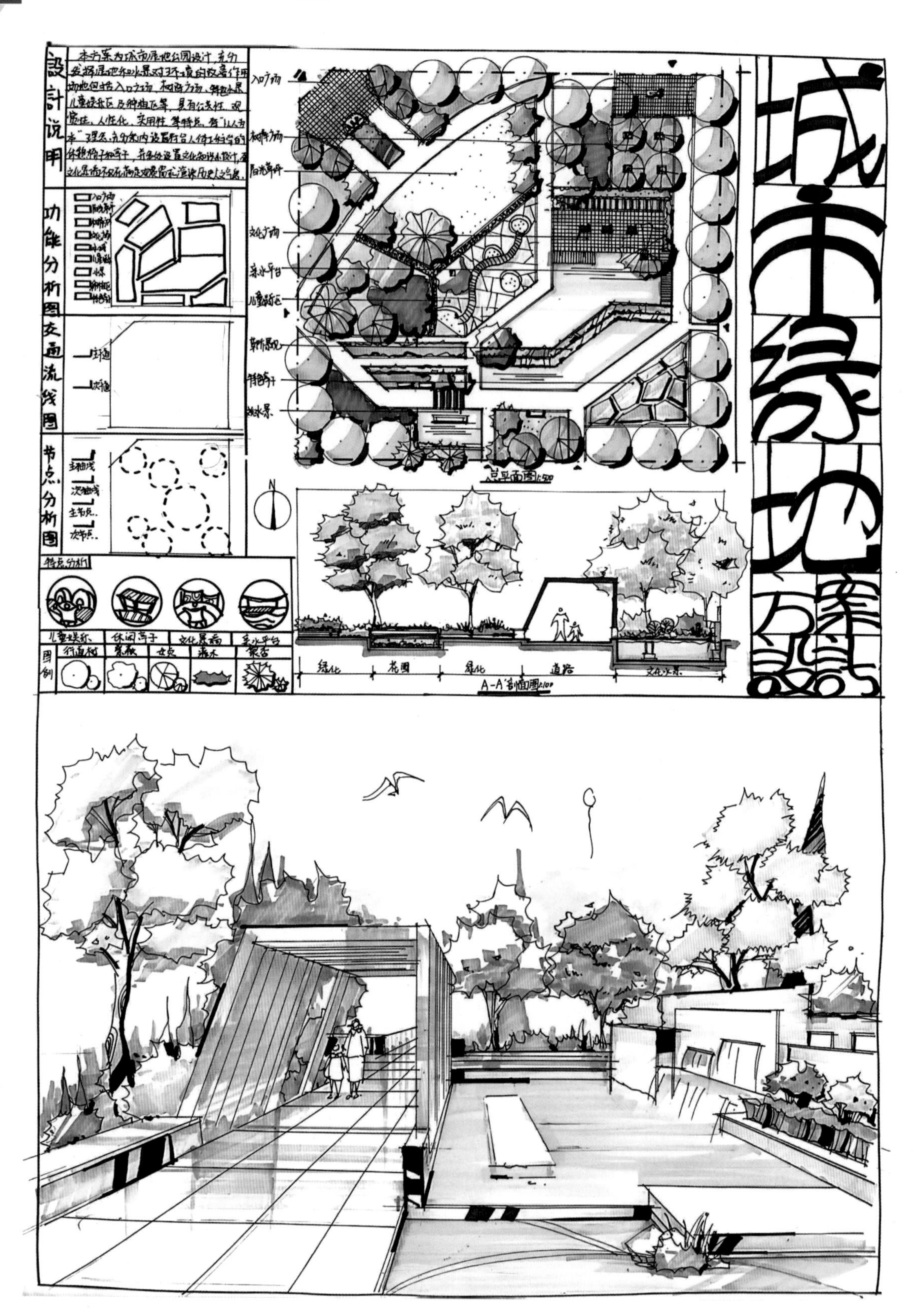

图 8-4　快题方案表达的步骤四（田文鑫）

步骤五：如图 8-5 所示，绘制平立面图和效果图的重色，使得画面更加饱满并具有层次感。在铺色时尤其要把握好色彩的衔接度和对比关系，这一过程是从浅色到深色、从主色到附属色的过程。着色过程中要注意马克笔笔触的粗细和轻重缓急，这关系到色彩的微妙变化。

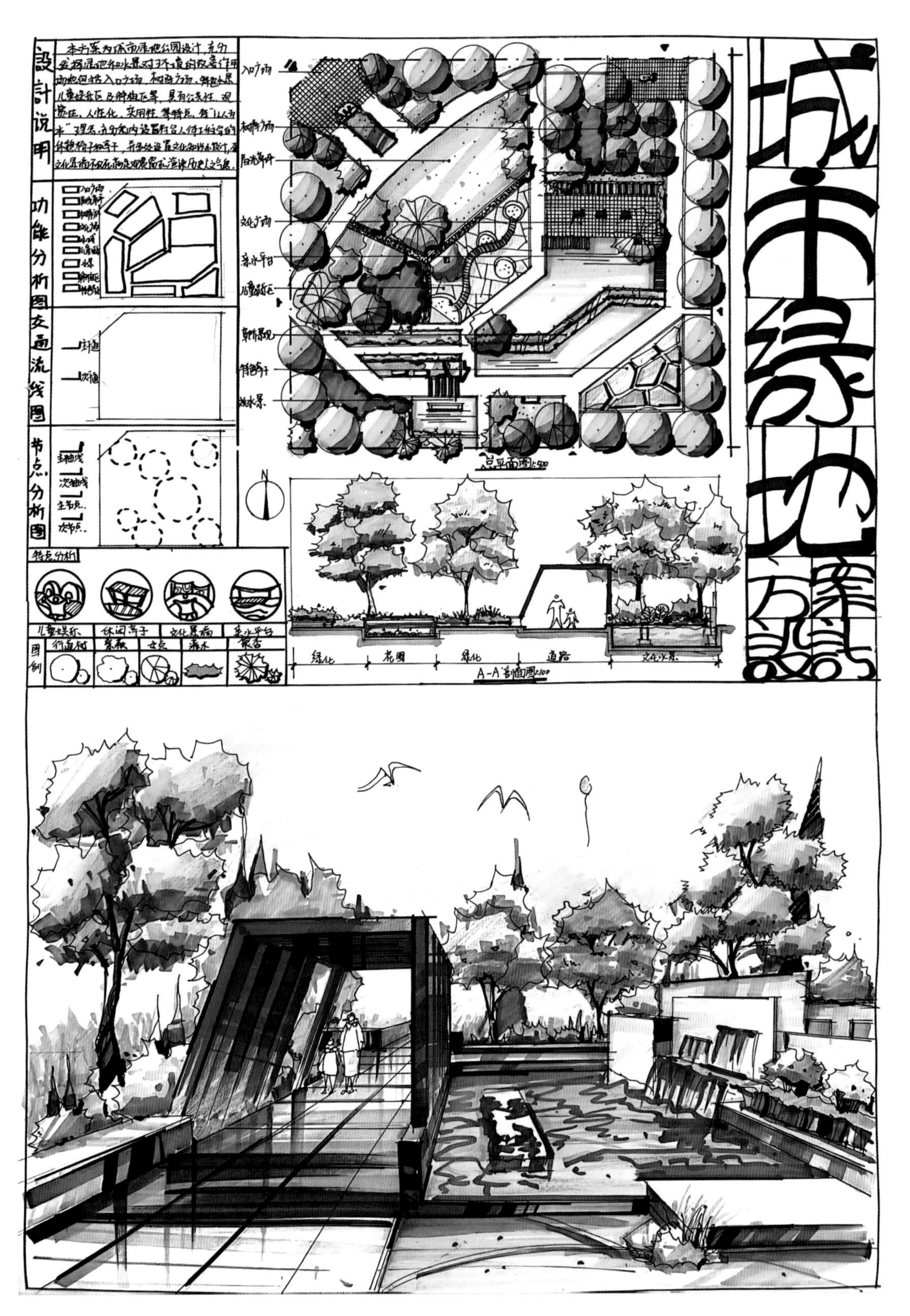

图 8-5　快题方案表达的步骤五（田文鑫）

步骤六：如图 8-6 所示，最后完成整体画面的调整和分析图的铺色。手绘者可在效果图上用高光笔进行点缀或用同类色加以叠加，使得主体更加鲜明突出。而分析图的颜色不宜过多，且颜色之间要对比鲜明，使得交通流线和功能分区等内容一目了然。

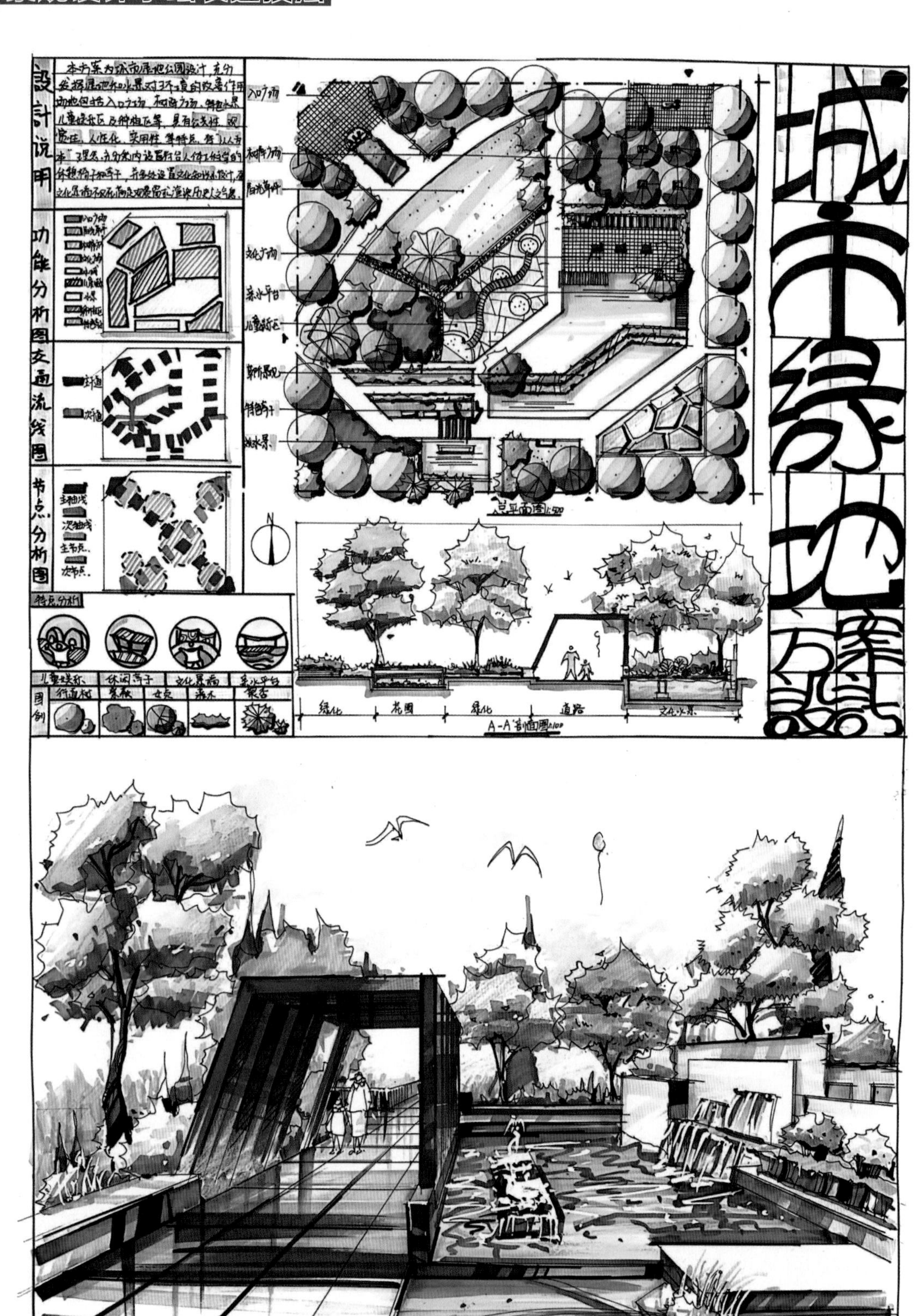

图 8-6　快题方案表达的步骤六（田文鑫）

8.2　快题作品鉴赏

快题作品鉴赏如图 8-7 ~ 图 8-10 所示。

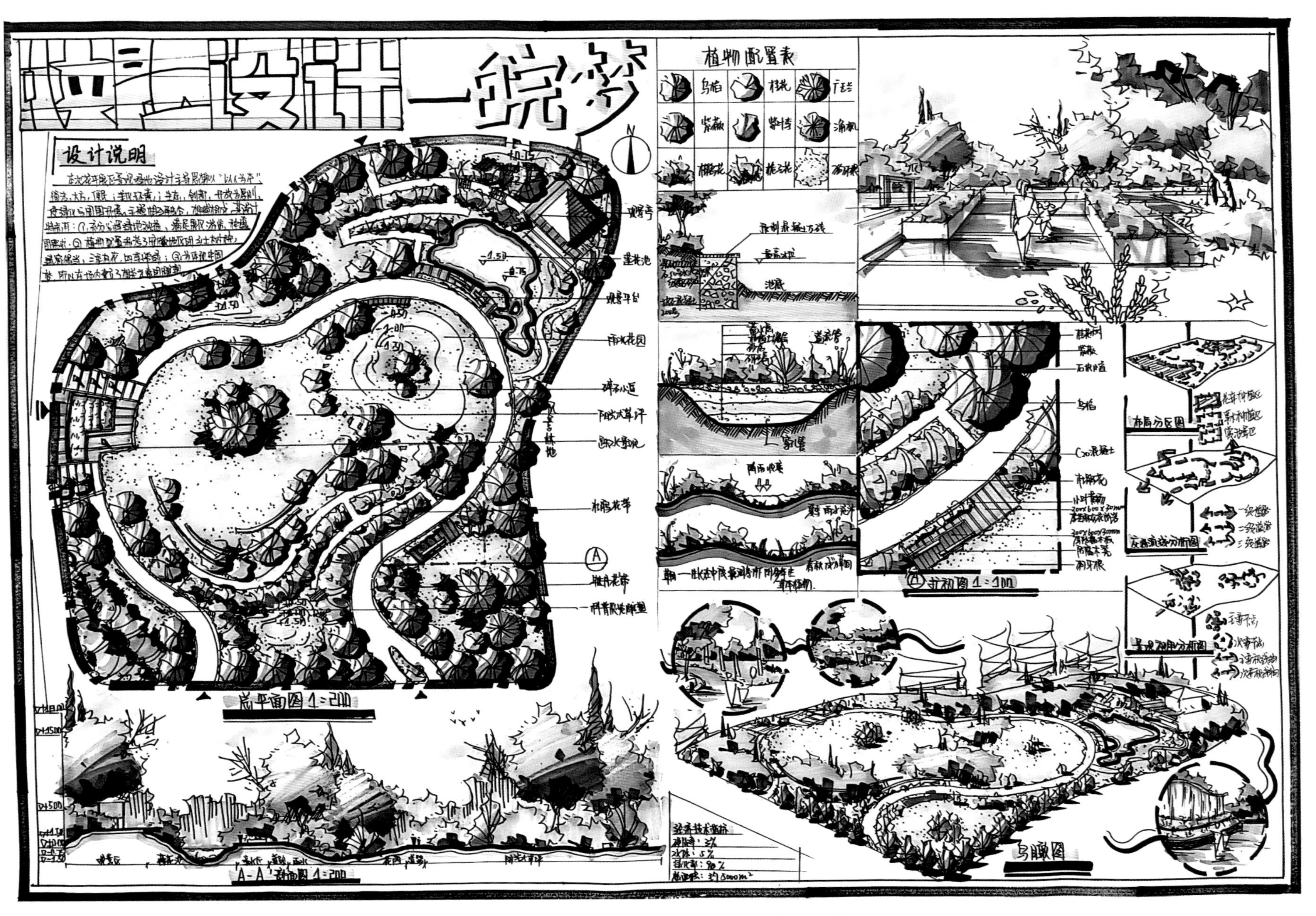

图 8-7　花卉展区景观设计快题方案（韩继悦）

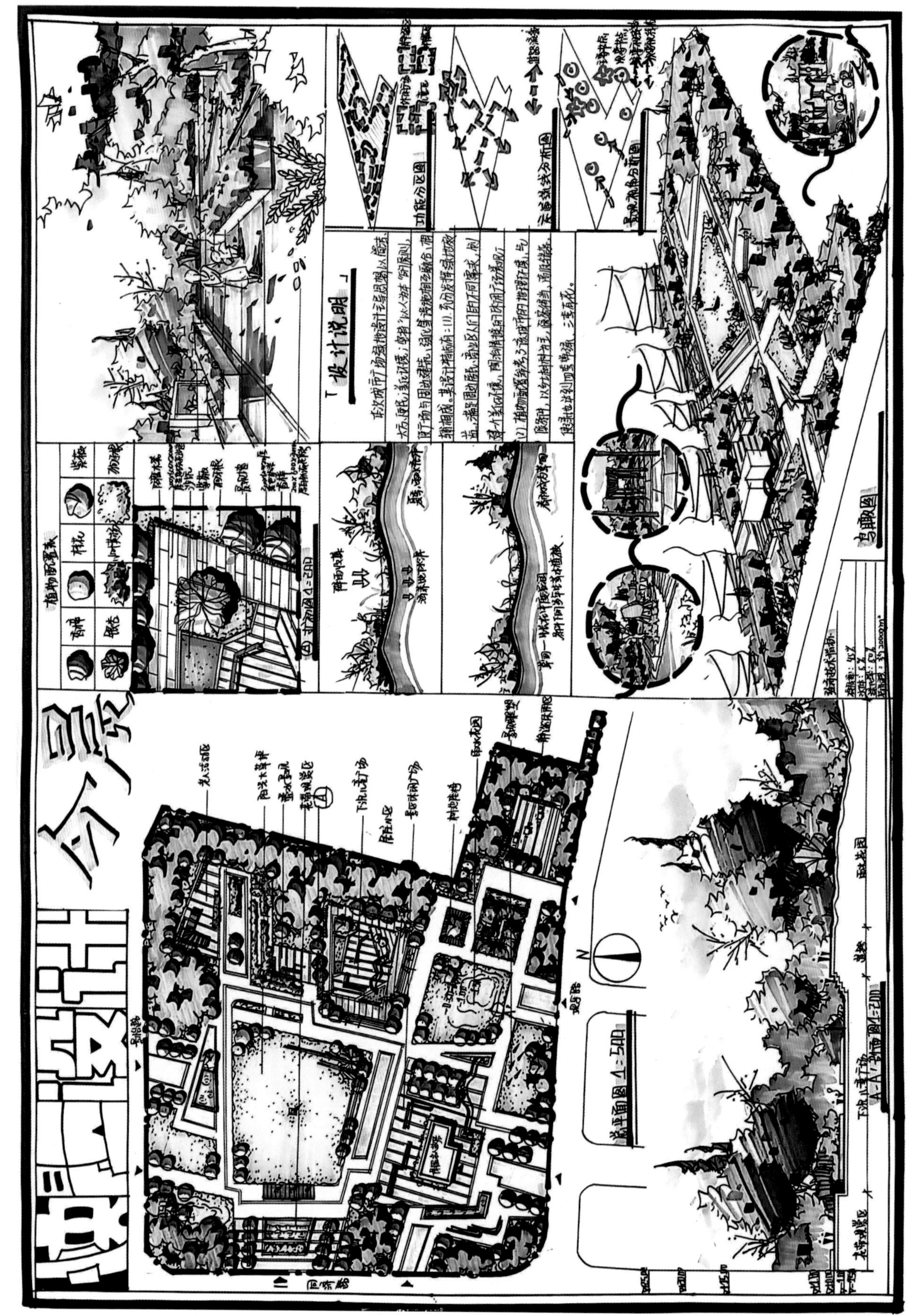

图 8-8　城市广场景观设计快题方案（韩继悦）

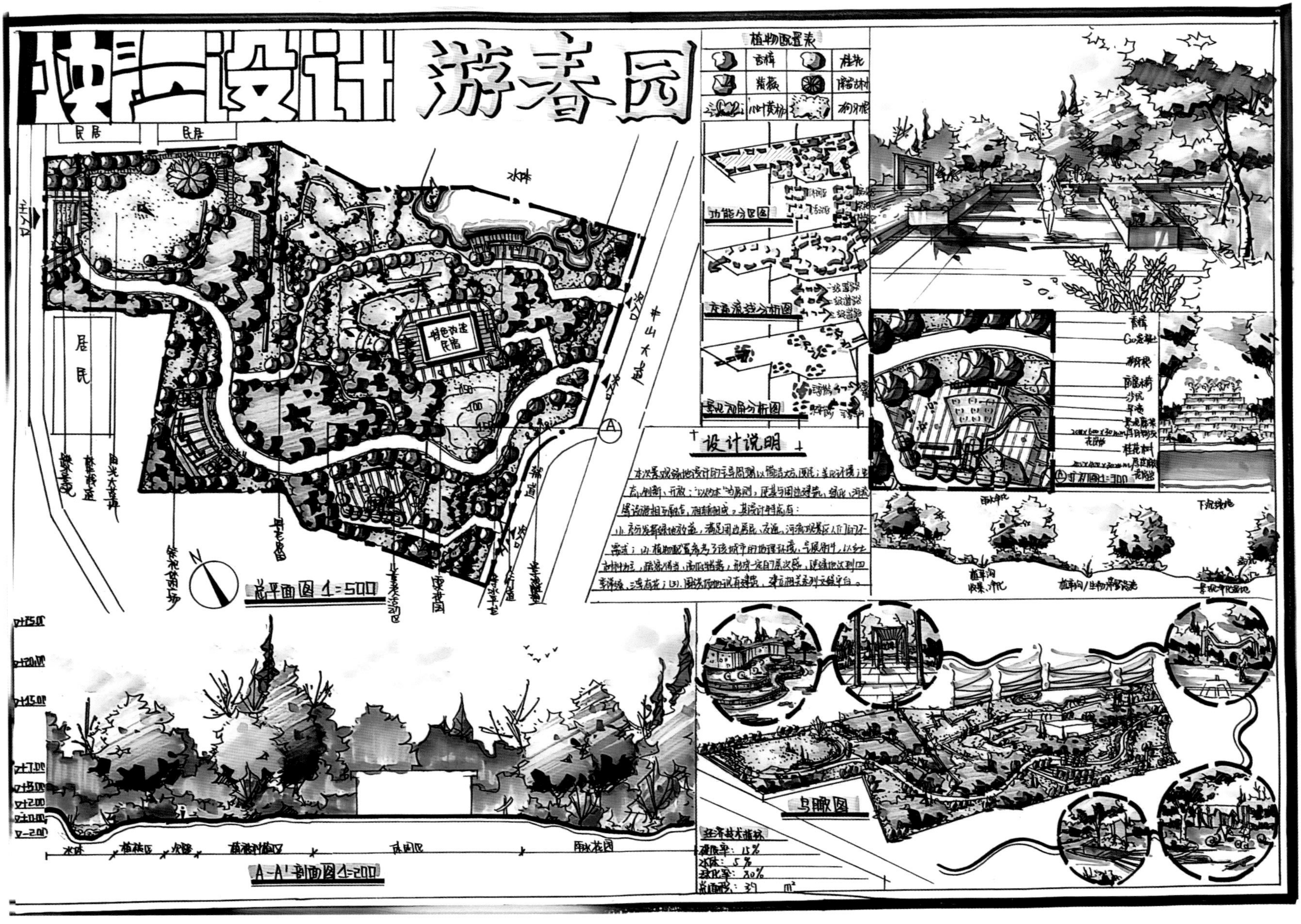

图 8-9　街头游园景观设计快题方案（韩继悦）

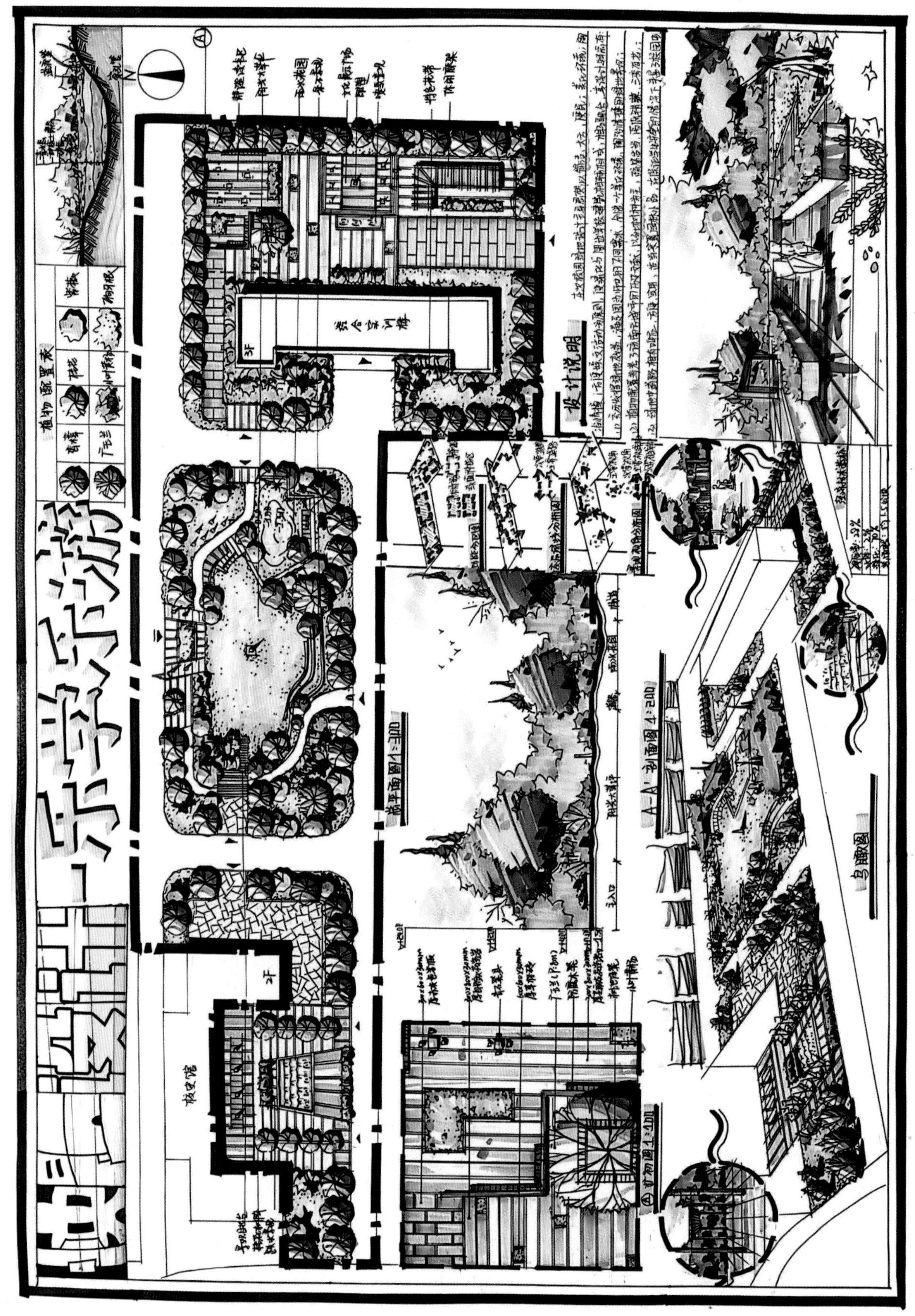

图 8-10 校园绿地景观设计快题方案（韩继悦）

参 考 文 献

[1] 姜乃煊 . 城市景观设计策划研究 [D]. 哈尔滨：哈尔滨工业大学，2016.

[2] 王伟红 . 文人园林意境美在现代景观设计中的价值 [D]. 无锡：江南大学，2009.

[3] 王小妹，刘丽丽 . 乡土景观国内外研究概况 [J]. 城市建筑，2020(17).

[4] 鲁敏 . 风景园林规划设计 [M]. 北京：化学工业出版社，2016.

[5] 郭美锋 . 一种有效推动我国风景园林规划设计的方法——公众参与 [J]. 中国园林，2004 (1).

[6] 徐梦琦 . 手绘艺术表现在建筑景观设计中的应用 [J]. 现代园艺，2012(11).

[7] 高校景观设计专业人才培养研究——评《景观设计手绘教学与实践》[J]. 中国高校科技，2021(5).

[8] 郑志强 . 园林钢笔画创作之原则 [J]. 美术观察，2019(12).

[9] 赵航 . 景观 • 建筑手绘效果图表现技法 [M]. 北京：中国青年出版社，2006.

[10] 钟岚，傅昕 . 马克笔园林景观手绘表现技法 [M]. 沈阳：辽宁美术出版社，2014.

[11] 郑晓慧 . 景观手绘新范本 [M]. 武汉：华中科技大学出版社，2016.

[12] 李晓晨，马丹 . 景观配景线条处理对手绘表现图空间感的影响 [J]. 新型建筑材料，2020(6).

[13] 张璇 . 马克笔手绘在景观设计中的应用探索 [J]. 美术教育研究，2018(13).

[14] 谢宗涛 . 景观设计手绘表现：线稿与马克笔上色技法 [M]. 北京：人民邮电出版社，2014.

[15] 代光钢，向虹，田玲 . 景观设计手绘透视技法 [M]. 北京：人民邮电出版社，2014.

[16] 郑凯 . 景观设计与构图 [J]. 科技信息，2011(3).

[17] 郑健伟 . 景观设计手绘完全攻略 [M]. 北京：人民邮电出版社，2014.

[18] 李鸣，柏影 . 完全绘本 • 园林景观设计手绘表达教学对话 [M]. 武汉：湖北美术出版社，2014.

[19] 爱尚文化，徐诗亮 . 景观设计手绘实例精讲 [M]. 北京：人民邮电出版社，2014.

[20] 施并塑，杨静 . 园林景观 • 植物手绘技法资料集 [M]. 北京：化学工业出版社，2016.

[21] 张吉祥 . 园林植物种植设计 [M]. 北京：中国建筑工业出版社，2001.

[22] 赵辉 . 圣马可广场的空间形态解析 [J]. 建筑与文化，2015(6).